嶋津好生

〈意味〉の結合科学

概念ネットワークの賦活制御
制御するのは、自然？神？自己？
ことばがはたらき、こころをはぐくむ

櫂歌書房

初めに言（ことば）があった。言は神と共にあった。言は神であった。

この言は、初めに神と共にあった。

万物は言によって成った。成ったもので、言によらずに成ったものは何一つなかった。

言の内に命があった。命は人間を照らす光であった。

光は暗闇の中で輝いている。暗闇は光を理解しなかった。

　　　　　　　　　　　　　　　新約聖書　ヨハネによる福音書　1章1節〜5節

まえがき

　意味ネットワークをベースにして精神が構築されるさまを描く　ことばがはたらき、こころをはぐくむ

　本書は1985年に申請した学位論文の復刻である。当時盛んであった人工知能の研究の中で言語理解や知識表現の分野に属する研究であった。知識表現法は当時の大方の傾向に逆らって、意味ネットワークを採用した。他の多くの認知科学的アプローチに比較して、先行き重要性の増す神経科学にもっとも近いと判断したからである。

　　概念ネットワークの賦活制御機構に関する研究　九州大学大学院総合理工学研究科情報システム専攻博士論文　1985

　人のこころのうちに意識される観念の流れを、意味ネットワークの賦活動態として形式化し、それを活性化意味ネットワークと称している。さらに通常のコンピュータに追補する新たな概念記憶システムとして、それを実現する機能メモリのハードウェア設計を行っているのだが、本書を上梓するに当たって〈はたらくことば〉の科学においては、ハードウェア設計の部分は体系的に必要でないので削除した。すなわち学位論文の第7章、第8章、第9章そして第10章の10.1節はハードウェア設計の部分であり本書内容の対象外として削除する。

　当時、特筆すべきは第5世代コンピュータ開発機構の存在である。80年代を丸々費やして国を挙げて行われたプロジェクトであった。「計算する」コンピュータを超えて「考える」コンピュータを構築すると標榜し、大手電気メーカーの若い優れた人材と膨大な国家予算を費やした。形式論理を基底言語としている。

　わたしはそのプロジェクトを横目で眺めながら、違うことをやりたいと考えた。形式論理ではあまりに狭隘にすぎる。意味ネットワークなら人の高次精神機能に対してもっと柔軟なアプローチが出来そうだと考えた。それで意味ネットワークを活性化して、その賦活動態という概念を提案した。感覚入力の超並列性（SIMD Simple Instruction Stream Multiple Data Stream）や概念形成の再帰的な無限拡張性を組み込んでいる。論理を逸脱する連想機能をコンピュータ・システムに新しく組み込むため連想機能メモリのハードウェア設計が目的であったが、そのためのシステム設計が人のこころの動きを十分に考慮したものであって、人の精神のモデルとして十分に採用できる。復刻して再評価を求めた次第である。

〈意味〉の結合科学

　本書で述べた「再帰的拡張節点」の記銘・想起は第1分冊で述べた「脳内統合学習システム」によって実現される。
　高次精神機能の具体的なデータは、当時の認知科学的アプローチから頂くことにした。Roger. C. Schank の概念依存性理論によっていきおい考察が進むことになった。

R.C.シャンク／C.K.リーズベック編　自然言語理解入門　LISPで書いた5つの知的プログラム　総研出版
ロジャー・C.シャンク　ダイナミック・メモリ　認知科学的アプローチ　近代科学社
ロジャー・C.シャンク　人はなぜ話すのか　知能と記憶のメカニズム　白揚社

目 次

まえがき 3

序 9

第1章　緒論 11
　1・1　概念記憶システムの必要条件 11
　1・2　意味ネットワークに対する評価 12
　1・3　日常的知識に関する手続き的知識依存型推論批判 16
　1・4　分配論理記憶の原理 17
　　1・4・1　記憶装置における論理の分散 17
　　1・4・2　意味記憶に関する「オートマトンのネットワーク」モデル ... 19
　　1・4・3　分配論理連想プロセッサ 21

第2章　活性化意味ネットワークモデル 25
　2・1　目的 25
　　2・1・1　活性化意味ネットワークモデルの特徴と要点 25
　　2・1・2　意味ネットワークの役割 26
　　2・1・3　有意味ユニットの取り扱い方 27
　　2・1・4　賦活制御命令系の機能 30
　　2・1・5　プロダクションシステムの認知的拡張 30
　2・2　概説 31
　　2・2・1　言語理解システム 31
　　2・2・2　考察すべき項目 33
　　2・2・3　ASNの静態構造 33
　　2・2・4　原子概念の構成 34
　　2・2・5　ASNの賦活動態 35
　　2・2・6　賦活動態を制御するプログラム言語 35
　　2・2・7　励起動態の形態論的分類 36
　　2・2・8　賦活動態の触発因子 36

第3章　活性化意味ネットワークの静態構造 39
　3・1　諸定義 39
　　3・1・1　概念素項 39
　　3・1・2　LTM－定着 40
　　3・1・3　蓄積項 40

3・1・4	活性項	……	41
3・1・5	弧原子概念の有向性と励起共有設定	……	42
3・1・6	再帰的拡張ネットワーク	……	43
3・2	概念依存性理論の場合	……	44
3・2・1	節点蓄積項の種類とその略記号	……	44
3・2・2	CDダイアグラムから再帰的拡張ネットワークへの変換	……	46
3・2・3	再帰的拡張ネットワーク記法に関する注意事項	……	48
3・3	構造認識規則	……	49
3・3・1	構造的リンクによる概念化構造の構成	……	49
3・3・2	古論理的概念化構造	……	50
3・3・3	標準論理的概念化構造	……	51
3・3・4	概念化構造の抽象度	……	52
3・4	再帰的拡張節点の累積	……	52
3・4・1	主張的リンク	……	52
3・4・2	再帰的拡張節点の形態論的分類	……	54

第4章　活性化意味ネットワークの賦活動態　　57
　4・1　諸定義　　57
　　4・1・1　賦活動態　　57
　　4・1・2　励起動態　　57
　　4・1・3　意味推論・概念推論　　58
　4・2　因果関係連鎖の展開　　59
　4・3　概念化構造の累積　　60
　4・4　因果関係連鎖における賦活動態　　65
　4・5　知識の累積が不完全な場合　　72

第5章　概念推論の分類とその形態論的検討　　75
　5・1　Riegerの概念推論　　75
　5・2　概念推論を構成する要素的賦活動態　　84

第6章　賦活制御言語　　89
　6・1　賦活制御命令　　89
　　6・1・1　命令形式　　89
　　6・1・2　各命令の機能　　91
　6・2　賦活制御プログラム　　96

第7章　ASNモデルの展開　　101
　7・1　コンピュータシミュレーションの方法　　101
　7・2　ASNモデルの適用範囲　　104

7・3　対自的自己の概念について ……………………………………………… 105
7・4　連続的活性化量の拡散理論 ……………………………………………… 108

参考文献 …………………………………………………………………………… 113

あとがき …………………………………………………………………………… 119

序

　ひとの場合は、言語翻訳や質問応答、その他の知的情報処理を行うとき、言葉を理解することを通して行っている。従来開発されてきた知的情報処理システムでは、この問題を避けてきた。しかし、これから開発されるシステムにおいては、言語理解の問題を避けてばかりいる訳にはいかない。言語理解システムを構築するには、日常的知識の範囲の想起や再認や推論などを可能とするような記憶機構が必要である。本研究は、そのような機能を持つ記憶機構に関して、一つの情報処理モデルを提唱している。これを活性化意味ネットワークモデル（以下、ASNモデルと略称する）と呼ぶ。このモデルは知識の表現法として、意味ネットワークを採用している。しかしながら、最近に至って意味ネットワークに対する評価は下がる一方で、知識の表現法としてあまり期待されなくなっていた。ASNモデルは、知識への注目のダイナミズムに着目し、意味ネットワークがそのダイナミズムを表現するのに相応しい表現法であることを示し、意味ネットワークへの再評価を求める。意味ネットワークがスロットと呼ばれる変化項を持つことは広く認識されているが、ASNモデルでは、励起されていることを示す項をそれに含め、改めて、まとめて活性項と呼ぶ。ASNモデルでは、意味ネットワークの励起された領域の動態を制御し、かつ、その変化項を管理する手続きを表わすプログラム言語を持っている。それを賦活制御言語と呼ぶ。

　ASNモデルは、知識利用の制御に関する新しい枠組を与える。第1章では、ASNモデルを着想するに至った背景について述べている。ASNモデルの賦活制御の考え方は、分配論理記憶における active cell の考え方と、オートマトンのネットワークにおけるセル・オートマトン同士の局所的干渉（local interaction）の考え方と組合せたものである。第2章でASNモデルについて概説する。第3章で活性化された意味ネットワーク（ASN）の構造とその記法について詳述する。ASNの節点や弧に添付されるラベルを原子概念と呼ぶ。また、ASNは、節点・弧ラベル付き有向グラフを基底の構造とするが、その上に、基底の節点の集りとして複合概念が表現され、相互に重なり合っている。この潜在化した高次の構造を表現するために、再帰的拡張節点という概念を導入する。第4章では、因果関係の展開をテーマにしてASNの賦活動態を例示する。また、ここで、知識の連合は賦活動態が起ることによって進行することが示される。第5章では、概念推論の具体例を取り上げる。ASNモデルは、概念レベルの推論をASNの賦活動態として実現するが、このような捉え方を便宜的に形態論的という。この章で概念推論の多くの範例を取り上げ、形態論的な分析を試みる。そ

の結果、ASNの賦活動態を構成する要素的な手続きはそう数多くはないことが分った。第6章で賦活制御言語について詳述する。最後に、ASNモデルの将来への展開方向について述べている。

第1章　緒論

　概念の記憶に関するネットワークの活性化モデルについて述べるまえに、まず、それらを着想するに至った背景を示したい。概念表現の構成規則については R. C. Schank の概念依存性理論 (conceptual dependency theory) を参考にした。概念のネットワークにおける励起された領域の動態について着想したのは、J. R. Fiksel のオートマトンネットワークモデル (network of automata model) や D. Kroft の設計した associative memory computer の影響である。後者は C. Y. Lee の分配論理記憶 (distributed logic memory) の流れを汲む。活性化意味ネットワークモデルにおける賦活制御の考え方は、分配論理記憶における active cell とオートマトンネットワークモデルにおけるセルオートマトン同士の局所的干渉 (local interaction) の考え方を組み合せたものである。

1・1　概念記憶システムの必要条件

　概念記憶システムを実現するにはいくつかの必要条件がある。まず第1に、概念の表現は言葉のレベルに比較し、より深層の表現でなくてはならない。言語表現を要素的な行為や状態による表現に変換することによって、言葉のレベルでは潜在的である概念的関係が顕在化される。たとえば give と take という2つの動詞について、R. C. Schank の概念依存性理論に従い要素的行為で表現すると、前者は授受格を「行為者から」とする ATRANS であり後者は授受格を「行為者へ」とする ATRANS である。give と take とをそのままいかに記号処理しようと両者の関係は明らかにならないが、両者を、ATRANS を action とするテンプレートに変換することによって、両者の概念的な重なり合いが明らかになる。このように個々の概念間の関係が省略なく明示されることが概念記憶の必要条件である。第2に、概念記憶は異種の知識が統合される場でなければならない。入力情報の理解とは、記憶主体が自ら保有している全知識を背景にその情報を位置付けできることを意味する。そのためには知識が単一の連合体として統合され組織化されていなくてはならない。第3に、概念記憶は、言語入力に反応して自発的な検索過程を起す能力を持たなくてはならない。単一の文章の理解は、その文章によって顕示されている情報を、記憶主体が自らの全知識を背景に位置付けしかつ意味の拡大を行なうことによって起る。談話理解になると、複数の文章が継

続して示されることによって、記憶主体の中に、飛躍のない概念の流れが出来なければならない。個々の文章が字面の上で表している意味内容はその限りでは相互につながっていない。飛躍のない概念の流れが出来るには、それらの間を補う必要がある。概念記憶の上で、個々の文章による意味の拡大が起り相互に干渉し合えば補間が可能である。

　概念記憶に対する上記の3つの条件に応えて、R. C. Schank の概念依存性理論を基盤にした活性化意味ネットワークモデルを提案する。第1の条件に対して Schank の概念依存性理論が有効である。第2の条件に対しては意味ネットワークの表現力に期待した。概念の表現法として意味ネットワークが採用される限り、概念記憶の検索過程はネットワークの横断によって表現されることになる。第3の条件である自発的な情報処理過程 (spontaneous computation) は、従来、プロダクションシステムというプログラミング技法によって実現されてきた。そこでは、意味ネットワークはデータベースとしてかつプロダクションの集合として2重の解釈を受ける。1つ1つの連想経路が1つのプロダクション、すなわち recognize-cycle と act-cycle の対として実現される。この実現法では、recognize-cycle の組織化の問題、換言すると conflict resolution を別の方法で解決しなければならない。意味ネットワークの長所である相互干渉性が失われて意味ネットワークを採用したモデルを無効にしてしまう。

　活性化意味ネットワークモデルにおいては、意味ネットワークが変化項を持つデータベースとして解釈される。変化項が変化するその動態が、記憶の諸過程を統一的に表現する。意味ネットワークは個々の知識の単位を重ね合せて格納しているので、逆に個々の知識を相互に識別する必要があり、また、それらの間の連想も選択的でなければならない。これを実行するのが意味ネットワークの賦活制御である。原子概念と呼ばれる記憶単位がそれぞれ活性項と呼ばれる変化項を持ち、賦活器から制御を受ける。このような制御は、賦活動態の個々の類型の中で実行される。活性化意味ネットワークモデルは一種のプロダクションシステムであり、その act-cycle は意味ネットワークの賦活制御である。プロダクション集合は触発因子とそれがもたらす賦活動態との対の集合である。

1・2　意味ネットワークに対する評価

　本研究は概念の記憶に関するモデルの形成について述べている。知識の表現法には意味ネットワークが採用された。（「意味ネットワーク」を以下SNと略記する。）したがって、SNを活用するための条件をととのえることが本研究の全体

を通じた主題となっている。

　SNは認知心理学や人工知能の研究者の注目をあつめなにか重要な意義を感じさせてきた。しかしそれにも拘わらず、その特質と活用法についていまだ確定的なものが示されず、SNへの評価が定まっていないのも事実である。本節では参考文献20)からSNに関する典型的な評価を引用しながら、SNを活用する方法をさぐりたい。文献20)からW. A. Woodsによる、第2章 リンクの意味論－意味ネットワークの基礎－、に次のような文章がある。（淵　一博　監訳：人工知能の基礎、近代科学社、から引用した。）

　　意味ネットワークは、恐らく意味の内部表現、すなわち頭の中で知識を蓄えるために使われている記法の役割をする候補の一つとして考えることができる。このような役割を果すものとして、意味ネットワークのほかに、述語論理のような形式論理や、Lakoff型の深層構造表現、Fillmore型の格表現などがある（格表現は、意味ネットワーク表現の中に、ほとんど見分けのつかないほどに紛れこんでいて、無理に区別しようとしても、恐らくあまり実りのある結果は得られないであろう）。意味ネットワークを他の候補と区別する特徴は、個々の事実をつなげて全体的な構造を作り上げるリンクとかポインタなどの特別の概念があることである。
　　意味ネットワークは、単一の機構を用いて二つの能力を統合しようとするものである。すなわち、事実に関する知識を蓄える能力だけでなく、ある情報が他の情報から参照されるという、人間のもっている連想能力をも模倣して統合しようとするものである。この二つの側面を、二つの別々の機構、すなわち、述語論理などで表現された事実のリストと、事実をつなぐ連想結合のインデックスとを二つ用いてモデル化することは多分可能であろう。意味ネットワークによる表現はそのようにするのではなくて、単一の表現で事実を表現する方法により（すなわち、その事実から他の事実を指すポインタを組み立てることにより）自動的に適当な連想結合を行なうものである。ここで、次のことを銘記しておかなければならない。そのような表現が可能であると想定できるのは信念の問題であり、また方法論の根底として用いられる未証明の仮説にすぎない、ということである。そのような単一の表現は不可能である、ということも十分考えられる。
　　意味表現に対する記法や言語を作り出そうとするときには、聞き手がある文に対してもつであろういかなる解釈をも精確に、形式的に、しかもあいまいさをもたずに表すことができるような表現を見つけ出そうとしている。われわれは、これを意味表現の「論理的妥当性」とよぶことにする。良い意味表現には、

〈意味〉の結合科学

論理的妥当性のほかに必要なものがあと二つある。第一は、原文をこの表現に変換するアルゴリズムないしは手続きが存在しなければならないことである。第二は、人間や機械とかが推論や演繹を行なうために、この表現されたものを利用するアルゴリズムが存在しなければならないことである。このように、文のいかなる解釈をも表現できる記法を作り出すだけでなく、変換とそのあとの知的処理が容易に行なえるような表現を求めているのである。

ここで、SNは、知識の内部表現法を与え連想結合の直接的表現であるけれども、その両方を満足する単一の表現法が存在するかどうかはまだ未証明だと言われている。確かに、言語理解システムで現在コンピュータで実現されているものは、事実のリストと事実をつなぐ連想結合のインデックスとの2つを用いている。SNのラベル付きリンクが、ラベルなしの連結関係と、インデックスを通して表現され顕在化した連合情報との2つに分離されている。SNを図的モデルとして使ってみればよく分るが、リンクラベルが直視できることこそSNの最大の利点である。しかし、SNをコンピュータに格納するには、どうしてもこのラベル付きリンクの機能分離を経由しなければならない。コンピュータによる実現例をあげれば、C. Rieger の概念記憶［文献16)］においては、各基底概念（concept）が occurrence set と呼ばれるインデックスを従えている。それはその基底概念が現れる information-bearing structure へのポインタのリストである。information-bearing structure とは、リスト表現された概念化構造（conceptualization）や属性表現のことである。また、information-bearing structure は REASONS set や OFFSPRING set というインデックスを従えている。これらは、作業記憶（working memory）の上で実行された概念推論の結果である推論経路を記銘しておくものである。すなわち、インデックスの役割は、知識を各見出し語（concept, information-bearing structure）へ中心化することである。各見出し語への中心化の結果、蓄積データが煩雑で膨大になる。

連想処理はプロダクションシステムで行なう。C. Rieger の実現例では、図的モデルとしてのSNに示された連想経路は inferential molecule と呼ばれるプロダクションに分割表現される。ここでは、SNの連結構造は宣言的知識でなく手続き的知識として解釈されている。

すなわち、SNは、図的モデルとして採用され宣言的知識と手続き的知識とを統合して考察するための道具にされているが、これをコンピュータに実現するときには、SNの最大の機能である連想結合の記法が宣言的知識と手続き的知識とに分離解釈され、それぞれの情報処理的実現道具を使って実現されている。宣言的知識としては、作業記憶に推論結果を記録するためにポインタとインデックス

を使って知識の連結構造を表現する。手続き的知識としては、概念推論を実行する手続きとして解釈されプログラム言語 LISP によるプロダクションに表現されている。一般的にいかなる情報に対しても、データの表現形式とその利用アルゴリズムとは別々に考察し得るものではないが、SN においては両者の関係がとくに重要である。連想の動的プロセスをよく把握する必要がある。SN は宣言的と手続き的との両知識を統合する特殊な形態を持っているから、SN の記法の中に動的プロセスを表現でき利用アルゴリズムを鮮明に投映できるような表現手段をもたなくてはならない。

冒頭の引用文は意味表現の論理的妥当性について述べているが、その引用論文はもともと SN の論理的妥当性を増強するために SN の表現力を拡張することを主題にしている。SN を扱う研究者の中には、たとえば L. K. Schubert［文献22)］のように形式論理の内容を SN の記法の中へ導入することに性急な人々もいる。この件に関して同じ引用論文に次のような文章がある。

　このように、論理的に妥当な解釈を与える目的で順々にネットワークの記法を変えてきたことにより、その代償として最初の単純な表現形式でのようには、連結経路を直接示すことができなくなってくる。これは、ネットワークを、一般の知識を記憶しておきやすいようにしておいたために必然的に生じた結果であるかもしれない。また、これはメモリ表現に応用したい連想処理に対しては絶望的であるというほどのことではないかもしれない。一方、このようにすると、情報を記憶するための記法の直接的な結果として情報の適当な連想的リンク付けを行なうことが不可能になり、しかも別のインデックス機構が必要になるという結論を引き出すはめに陥るかもしれない。

SN の記法としては連想経路を直接示し得るような単純な表現形式が基本であるかもしれない。しかし、論理的妥当性が要求されて複雑な表現が導入されるようになり、SN の上に集積された複合概念に関する構造的考察が必要になってきた。R. C. Schank の概念化構造 (conceptualization)、関係詞節の表現、限量詞の表現、そして述語論理の高階操作の表現などについて SN 上の構造的処理が問題になる。このことについては、枠組の同定［文献 19)］とかネット分割［文献 17)］とかの概念が導入され問題の意識はすでに現われているが、SN に関する形式的な問題として取り上げられることはなかった。初期の SN 記法のようにゆるく組織化されている知識の体系の中で、そのときどきに応じて、同じ部分が異なる枠組に組み込まれて同定されることが可能になる機構、あるいは、そのときどきに応じて、異なった分割によって同定される部分ネットが存在することを認

めた上で構成される連想機能が必要になった。そして、それをインデックス以外の方法で実現しようと思えば、コンピュータによる情報処理において新しいシステム概念が必要になる。

1・3 日常的知識に関する手続き的知識依存型推論批判

　言語理解システムに関する研究においては、R. C. Schank や C. Rieger らの研究に見られるように、日常的知識に関して、まず概念の依存関係 (conceptual dependency) からはじめて、さらにより高次の知識の結合原理 (conectivity of knowledges) を探求し、その成果を利用して理解が成立するために必要な概念推論機構を構成する。ここで、概念の依存関係とは、動詞概念の表現を要素的な行為 (primitive action) や状態によって構成しテンプレートとしたもの (verb templates)、あるいは物理的対象の通常の機能を表現するテンプレート (normal function templates) などをいう［文献21］。また、より高次の知識の結合原理とは、因果関係の連鎖や台本、計画、目標 (causal chains, scripts, plans, and goals) などをいう［文献27］。

　言語理解のために概念の記憶によって行われる推論を意味推論あるいは概念推論と呼ぶ。上述したように、C. Rieger は概念推論をプロダクションシステムで実現した。知識の連合形態を手続き的知識に翻案して inferential molecule と名付けたプロダクション (production) を形成している。しかし、連想処理をプロダクションシステムで実現すると、連合形態の知識は本来宣言的であり事実の集積であってなんらかの公理的な規則に集約されるという性質のものではないから、連合形態の知識の広範囲の依存関係を失うまいとすると、認識が成立するときの数多くのケースに応じて数多くのプロダクションを作らなければならない。

　現行のコンピュータシステムと LISP 型言語と手続き的知識依存型推論という三者の実現法関係図式は今日支配的である。しかし本研究は、宣言的知識に制約される推論機構の本来の姿に合せて、宣言的知識を手続き的知識に翻案することなく利用できる方法を考える。宣言的知識の探索過程によって推論を実現しようと思えば、現行の実現法関係図式とは原理的に異なる方法を見つけなければならない。連合形態の知識は意味ネットワークで表現でき、それを宣言的知識として維持したまま、その賦活動態によって概念推論を実現する。活性化された意味ネットワーク (activated semantic network) は記憶内容であると同時に概念推論が実行される場所でもある。このような記憶上処理の機構は、現行システム

の、作業記憶で生成規則や書き換え規則を適用して推論されるべき内容を生成するという機構とは、根本的に異質なシステム概念である。ただし、マクロに見れば、活性化意味ネットワークモデルは一種のプロダクションシステムである。活性化意味ネットワークの賦活制御は、プロダクションで言えば、act-cycle に相当する。活性化意味ネットワークにプロダクション自身を埋め込むことができれば、プロダクションシステムの recognize-cycle も act-cycle も活性化意味ネットワークの賦活制御機構によって実現されることになる。現行の関係図式による実現法を手続き的知識依存型の推論機構と呼ぶならば、活性化意味ネットワークモデルは、宣言的知識を手続き的知識に翻案する必要がないという意味で、宣言的知識依存型の推論機構と呼ぶことができる。

1・4 分配論理記憶の原理

1・4・1 記憶装置における論理の分散

連合形態の知識を蓄積しそれを有効に利用するための新しいアーキテクチュアを開発しようとすれば、考察すべき分野はきわめて広い範囲にわたる。人工知能やデータベース、コンピュータアーキテクチュアなどの諸分野を総合的に考察しなければならない。また、データモデルや推論機構のモデルはそれを実現するアーキテクチュアを検討した上でないと評価できない。

知識を有効に利用するには検索時間を短縮することが大事である。そのために検索過程において手続き数がむやみに増えることを防せがなくてはならない。その対策として並列プロセッサや連想プロセッサを採用することが考えられる。[文献 61), 74)]

一般に最近の情報処理システムでは、データが量的にも複雑さにおいても増大していく傾向にありそれに対処できるメモリシステムの必要性が日増しに大きくなってきた。それに応えて加えられてきた改良技術の基本思想は、メモリシステムにおける論理の分散である。キャッシュメモリや仮想記憶は、データの論理的構造を物理的構造に配置する手続きをプログラマから解放してシステムの仕事にした。また、分配論理記憶は、データの検索過程をキャラクタやアイテムのレベルまで並列操作とするために、データ操作のための論理回路をメモリ内部の各セルに分配した。これらは、共通して、「論理の分散」の傾向を示している。もっと視野を拡げると、神経のモデルであるしきい素子回路網もこの一貫した視点の下で捉えることができる。すなわち、もっと微小な記憶単位まで論理が分散されたシステムだと見ることができる。記憶装置に対するこのような視点を設定する

〈意味〉の結合科学

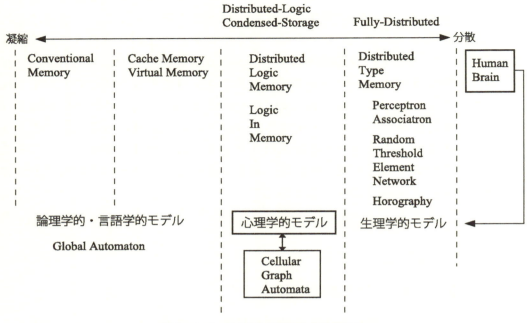

図1・4・1　メモリシステムと分散の概念

ことが正しければ、上述したような技術開発構想の一貫した系譜の中で仮想記憶などの技術から引き続き実現可能だと思われるのは分配論理記憶である。

　人間の精神の働きを理解しようとするとき、記憶とか計算とかあるいは推論とかの純粋な機能をとりあげてそれらを個々の機能ブロックとみなし、それらを結合再構成して一つのモデルを示す。現行のコンピュータシステムも人間の精神的機能を実現する一つのモデルであったと考えられる。しかし、モデルは常に実際との懸隔があり、人間の精神的機能について認識が進み、あとで新しい機能を同定し得たとしても、先のモデルでその機能を実現しようとしても困難が伴う。知覚とか認識とかあるいは理解とかの諸機能の実現に現行のコンピュータシステムが直面している困難性が、それを示している。一般的に言えば、人間の精神のような有機的な機能体に関してあるモデルを立て、そのモデルに従って構成されたコンピュータのような論理的構成物を作ったあとで、その機能体に新しい機能が認知されても、先のモデルによる論理的構成物にその新機能を実現させるのは無理な場合が多い。このことを、機能体に関して認識を進める過程のおける「機能の凝縮作用」と呼ぶ。

　図1・4・1に示す分配論理記憶（distributed logic memory, DLM）や分散型記憶（distributed type memory, DTM）などは普通連想メモリと呼ばれているが、ここに共通に使われている distributed という言葉（日本語では分配と

か分散とかという）は、凝縮作用を逆の方向に解きほぐそうとする認識作用を反映している。DLM も DTM も共に凝縮作用 (condensation) を緩めるコンピュータアーキテクチュアである。緩め方は DTM の方が強く、fully distributed である。一方、DLM は distributed logic and condensed storage である。すなわち、DLM の場合は、記憶に関しては凝縮作用を許しており、ローカルに見ても意味のとれる情報が格納されているのを認めることができる。技術発展の系譜から見れば、DLM はパーセプトロンやアソシアトロンなどの DTM より先行して実現されるべき形態である。また、それ故に、DLM は現行のコンピュータシステムと将来実現されるであろう fully distributed な連想プロセッサとの橋渡しの役割を担うことになる。パーセプトロンやアソシアトロンは相関関数の応用である。分散度が大きければ、それに比例して機能セル間の相互作用も強くなる。DTM は DLM には期待できない知覚パターンの学習機能を持っているが、これは分散度を大きくした結果である。

　機能セルの単独機能と機能セル間の相互作用 (local interaction) とを併せてローカルアルゴリズムと呼ぶ。機能セルのネットワークシステム全体で達成する機能をグローバルアルゴリズムと呼ぶ。セル間のネットワーク構造はグローバルアルゴリズムを決定する一つの要素である。「論理の分散」(distributed logic) とは、グローバルアルゴリズムをローカルアルゴリズムに転嫁することを意味する。このような DLM 技法は原理的に素晴らしい能力を秘めている。市販されている連想メモリの並列探索能力は、グローバルアルゴリズムをローカルアルゴリズムに転嫁する手法の最も単純な例であるに過ぎない。DLM は、従来、セル間の結合形式が1次元構成のものや上下左右のつながりしか持たない2次元構成のものしか提案されていないが、セル間結合のネットワークが複雑なほどセル機能の相互浸透が起り新しい異質な機能が期待できる。論理の分散によって記憶装置の変質を計り、コンピュータが持っている計算機構から、知覚とか認識とかの新しい機能への連続性をもたらそうとする傾向が見られる。

1・4・2　意味記憶に関する「オートマトンのネットワーク」モデル

　ネットワークあるいはグラフを処理する機械の抽象的表現が、ウエブオートマトン (web automaton) である。従来、ウエブオートマトンの代表的な定式化の手法は、sequential web-bounded automaton であった。すなわち、ウエブオートマトンについては、従来、グローバルな視点からの定式化が支配的であった。しかしその後、ローカルな視点から定式化する手法が現われて、intelligent graph、network of automata、parallel web automata、cellular graph

〈意味〉の結合科学

automata、などいろいろな名称で呼ばれている。[文献75), 77), 79), 81)] これらは、前節で述べたDLMのローカルアルゴリズムについて考察するための形式的手段を与える。とくに、J. R. Fikselのnetwork of automataは、意味ネットワークをデータベースとする質問応答システムを形式的に表現したものであり、本研究の立場から最も興味を引いた研究である。そこで展開されているのは意味ネットワークの単純な探索アルゴリズムであるが、その方法を拡張していけば活性化意味ネットワークの賦活動態の形式的な表現法が得られ、より包括的な思考のモデルへ拡張できると期待された。オートマトンのネットワーク (network of automata) は脳細胞のモデルに比べればより現象論的で心理学に適用できるモデルとして有望である。J. R. Fiksel自身も、このモデルは現行のコンピュータの情報処理アルゴリズムとしてでなく心理学的モデルとして考えたと言っている。そして、心理学的実験と照合して数種の探索過程に要する時間の相対比が理論予測と一致したことから蓋然性の高いモデルだと主張している。[文献78)]

オートマトンのネットワークを並列プロセッサとして見ると、MIMD (multiple instruction stream multiple data stream) 様式の並列処理を行なうシステムである。これを直接ハードウェアに実現するとマルチプロセッシングシステムになり個々の記憶単位に対して一つずつプロセッサが充当される。このままでは実現性はきわめて低い。オートマトンのネットワークを規定するのは、不変なネットワーク構造と節点オートマトンの状態遷移関数、初期励起や最終状態の凍結などのグローバルガイダンスの手続きである。節点に埋め込まれるオートマトンはすべて同じ遷移関数を持っている。このモデルを実現性の高いシステムに変換するために、外部にある制御ユニットで一括して制御される繰り返しセル構造のプロセッサを考える。任意のネットワーク構造を繰り返し一様構造の上に配置できるように工夫をすれば、制御ユニットを外部に取り出して、並列処理性をSIMD (single instruction stream multiple data stream) 様式に低減することができる。節点オートマトンの状態遷移関数はネットワーク横断のアルゴリズムを与える。もともとネットワーク横断は時系列的動作であるから、同時進行している複数の異質なネットワーク横断を同質なネットワーク横断ごとに分割して時分割的に進行させればよいから、並列処理をSIMD様式に低減するのは容易である。

活性化意味ネットワークモデルはSIMD様式の並列処理を行なう。すなわち、「オートマトンのネットワーク」モデルの心理学的蓋然性に信頼を置いて、それを実現するために並列処理性を一部低減し許容できる範囲の変更を加えた新しいモデルを考えたのである。ここに、「オートマトンのネットワーク」モデル、活性化意味ネットワークモデル、分配論理連想プロセッサという新しい実現法関係

図式が提案されている。

1・4・3 分配論理連想プロセッサ

連想プロセッサの定義によれば、連想プロセッサとは次の2つの条件を満たしているものをいう。
1) content addressability
2) single instruction stream multiple data stream

1)は、内容指定によって目的のデータにアクセスできる性質を意味する。2)は、並列プロセッサに関する1つの分類基準に基づいた性格付けであり、1つの命令で多くのプロセッサが並列にそれぞれに割り当てられたデータを処理できる構成のものを意味する。SIMD機械には連想プロセッサのほかに array processor がある。ただし、こちらは内容指定のアクセス法でなく番地指定によるアクセス法を採用している。ここでは連想プロセッサの一種である分配論理記憶を考える。これは当初記号単位の処理を目的としていたが (character-oriented)、その後これから発展したシステムはその情報処理単位を必ずしも記号としなくなったので、ここでは1セルに格納されるデータをただセルデータと呼ぶことにする。各セルが実行する命令の内容は次の通りである。

1) 状態の変更
2) 隣接セルへの状態の移送
3) セルデータと入力データとの比較操作およびその他の算術・論理演算
4) データバス情報の受け入れと格納
5) セルデータのデータバスへの送り出し

ここでいう状態は active か quiscent かの2つに限られ1つのフラッグで示される。移送されるのは active state のみである。

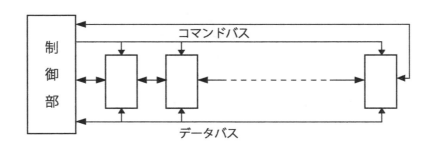

図 1・4・2 分配論理記憶の構成

セル間の相互結合形式をどうするかは大切な問題である。図1・4・2に示した構成では、もっとも単純な線形配列になっている。相互結合形式の決定は、データモデルの持つ基本的なデータ構造を物理的構造に配置する問題に係わる。関係データモデルに対しては、関係集合を格納できればよいから、セルの結合形式は線形配列でよい。意味ネットワークのような複雑なネットワークにおいて自在なネットワーク横断を実現する物理的システムを構成しようと思えば、セルの2、3次元配列と多様な結合形式を検討する必要がある。

分配論理記憶は C. Y. Lee によって提案された［文献34), 35)］。その後、この分配論理の原理を応用した大規模な連想プロセッサがいくつか提案され、なかには実現されたものもある。その代表的なものを目的別に挙げると次のようになる。

1) 並列記号処理

D. Kroft の設計した associative memory computer ［文献44)］は記憶装置に分配論理記憶を採用したコンピュータである。リスト処理専用機として設計された。分配論理記憶に、リスト表現されたデータもプログラムも蓄えられ、独特な制御機構が設計されている。

2) 並列演算処理

U. S. Army Advanced Ballistic Missile Defence Agency のために Bell Laboratories によって開発された parallel element processing ensenble (PEPE) ［文献52)〜56)］は、レーダシステムの並列演算処理を実行する。各単位処理装置はレーダシステムの観測下にある対象物の一つ一つを任せられ、その特定の対象物のデータを維持しかつ更新するための連続的な演算処理を担当する。

3) 情報検索

B. Parhami は block-oriented な連想プロセッサを提案し、rotating associative processor for information dissemination (RAPID) ［文献51), 58)］と名付けた。情報蓄積と検索の高速化を目的としたものである。D. L. Slotnick ［文献46)］や J. L. Parker ［文献48)］によって提案された logic-per-track devices の方法と C. Y. Lee の分配論理記憶の原理とを結合して設計されている。固定ヘッド磁気ディスク記憶装置などの大容量循環式記憶装置が使用される。

4) ネットワークデータベースにおけるネットワーク横断を効率化するための大規模分配論理連想プロセッサ

association storing processor (ASP) ［文献40), 41), 49)］は、Rome Air Development Center, Air Force Systems Command のために Hughes Aircraft Company の D. A. Savitt, H. H. Love および R. E. Troop が研究し

報告したものである。これは、軍の情報管理が目的で、2項関係を基本構造とする連合形態の情報の蓄積・検索・更新を効率化するために設計された連想プロセッサである。また、G. J. Lipovski は tree channel processor (TCP) [文献43), 45)] という大規模分配論理記憶を設計した。データアイテム間の関係として樹木構造を最重要とみなし、樹木構造の追跡時間を最小化する目的で設計された。セル間に樹木構造のレールを敷くことができるようになっている。

　上記4通りのうち、本研究の立場からは 3) や 4) に興味を引かれる。（図1・4・3参照）RAPID は大規模循環式記憶装置を使用している分配論理連想プロセッサとして一つの類型を形成する。当初提案された DLM は、完全並列マッチング方式をとっている。しかし実現性を高めるためには並列性を低減する方向を辿らざるを得なかった。この方式は、最近開発が急がれているデータベースマシンの一方式と見ることができる。但し一般のデータベースマシンは必ずしも分配論理記憶の原理を採用していない。RAPID を表現すると思われる数理モデルは、線形格納方式をもたらす循環テープを蓄積媒体とするチューリングマシンを並置したシステムである。応用面から見れば、蓄積すべきデータベースの大量性に対処するシステムであり、とくに、データの線形格納を基本とする関係データモデルに基づくデータベースの管理に適している。TCP や ASP は、セル間の相互結合形式がかなり柔軟にとれることに着目していることで、一つの類型を形成している。セル間結合路の制御も SIMD 方式であり、データの論理構造を辿る過程を状態やアドレス情報のセル間移送によって実現する。応用面から見れば、蓄積データの構造の複雑さに対処するものと言える。ASP は phrase-organized と item-organized との2通り提案されている。前者はセルの1次元配列、後者は2次元配列に構成されている。いずれも3つ組構造を基本構造とする意味ネットワークを格納する。item-organized ASP では、固有アドレスを持つ各セルに1

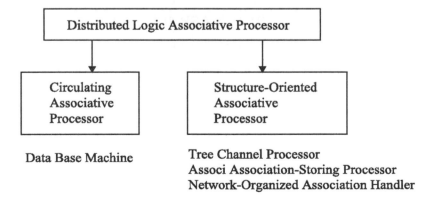

図1・4・3　分配論理連想プロセッサの展開例

つのアイテムあるいは 1 つの 3 つ組構造が格納される。3 つ組構造の各項はそれぞれの内容が格納されているところを示すアドレス情報である。セルの 2 次元配列には、図 1・4・4 に示すように、上方および右方へアドレス情報の伝送路がある。それに沿って伝播アドレスが移動するうちに各セルの固有アドレスと照合され、データの論理構造を辿る。複数のアドレスを並行して伝播することも可能である。

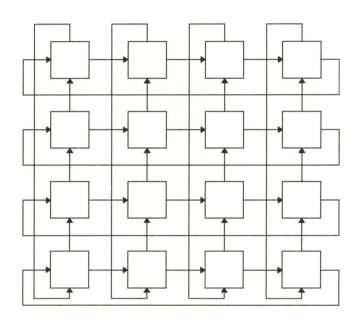

図 1・4・4　item-organized ASP のアドレス情報伝送路

　活性化意味ネットワークを実現するには、自在なネットワーク横断を可能にすることが最も重要であるので、TCP や ASP のような構想を持つ必要がある。これらの類型を structure-oriented associative processor と呼ぶことにする。

第2章 活性化意味ネットワークモデル

　意味ネットワークはひとの連想機能を表現すると言われる。そのためには意味ネットワークの表現力をもっと増強する必要がある。他の知識表現法と比較すると、意味ネットワークの特徴は宣言的知識と手続き的知識とを結ぶその特殊な形態にある。意味ネットワークは個々の知識とそれらの間の連想経路とを併せて表現し、その連想経路は連想機能を実現するから手続き的知識だとも言える。しかし、可能性のある連想経路として網羅的に表現されたものと、個々の状況の下で選択的に辿られる連想経路とは区別されなければならない。ネットワークモデルとして連想というダイナミックな現象を表現したい。ここに新しく概念のネットワークの活性化モデルを提案する。これを活性化意味ネットワークモデル［文献95］と呼ぶ。このモデルは、D. E. Rumelhart らの記憶活性（memory activation）［文献9), 11), 26)］という概念に、形式的な表現法を与えるものである。

2・1　目的

2・1・1　活性化意味ネットワークモデルの特徴と要点

　1）　意味ネットワーク（以下、SNと略記する）は概念のネットワークである。その役割は知識を連合（associate）し統合（integrate）するところにある。

　2）　活性化意味ネットワークモデル（以下、ASNモデルと略記する）は、知識の一つの表現法として見ると、フレーム（frame）理論［文献19］などと違って、知識の意味をなすユニットを陽に表現することがない。ASNモデルにおいては有意味ユニットは励起されない限り潜在化しており、記憶の賦活過程においてはじめて時の経過とともに次々に顕在化するのである。このような意味において、ASNモデルは知識表現に関する徹底した過程説だと言える。

　3）　ASNを賦活制御する手続きを実際に実現する必要がある。たとえば、それぞれパターンをなしASNに埋め込まれている部分ネットを識別したり、あるリンクを経由して励起状態を移動させたりする手続きがある。ASNモデルはこれらの手続きをいわゆる、ローカルアルゴリズムで実現する。ローカルアルゴリズムとは、筆者の定義［文献97)］によるもので、知能グラフ［文献75)］、オートマトンのネットワーク［文献78)］、セルラグラフオートマタ［文献81)］、そ

して分配論理記憶［文献41)］などに共通している、体系的な、アルゴリズムの構成法を意味する。すなわち、セルの単独機能とセル間の相互作用とを併せてローカルアルゴリズムと呼ぶ。ネットワークシステム全体で達成する機能はグローバルアルゴリズムと呼ぶ。

　4)　人工知能の自発的な計算機構（spontaneous computation）を実現するには一般にプロダクションシステム（production system　以下 PS と略記する）が採用される。記憶の賦活に関する諸過程も自発的に発現するから、その実現に PS が採用されるのは自然である。ところで、ASN モデルは概念のネットワークの中にプロダクションルールを埋め込み、そのことによって、PS を包摂できる。SN は主に外界からの情報を認知（cognition）あるいは再認（recognition）するために必要な知識を表現する手段だと考えられるが、このことと、ASN モデルが PS を包摂することとを考え合せれば、ASN モデルによって PS にある種の認知的拡張がほどこされたことを意味している。

　以下、上記の諸点についてもう少し詳細な説明を加える。

2・1・2　意味ネットワークの役割

　SN には複雑な概念を表現する能力がないという評価は、再検討すべきである。SN は、図的表現法であることを除き、取り立てて特徴がある訳ではない。したがって、他の方法で表現できる知識ならば SN にも表現できないはずがない。むしろ問題は、SN への期待が強まり必然的に SN が複雑な表現形式を含むようになったにも拘わらず、SN を積極的に利用するための機構の開発が手掛けられていないところにある。

　SN は一般的な推論規則なども表現できるが、むしろ特殊な文脈を反映した日常的な事象を表現するのが役目である。すなわち、変数を分離標準化した推論規則を1つ1つ個別に貯えることもできるが、それに加えて、それらに共通の変数を与えてよく起る特殊な推論の道筋すなわち因果関係の連鎖をつくり、大きく連合した知識のユニットとして貯えることもできるのである。ここで、「変数の分離標準化」とは導出原理に出てくる概念である。述語論理の well-formed formula W が well-formed formula のある集合 S に論理的に従属であることを証明するには $\{\sim W\}$ と S との和集合が充足不可能であることを証明すればよい。この証明を行うのに、導出原理は、すべての well-formed formula を節形に変換し、その節の集合から2つを選びその導出形を作る作業を続けて反駁プロセスを形成する。well-formed formula を節形に変換するとき変数の標準化を行う。この「変数の標準化」の手続きと、導出形を得るときの「単一

化（unification）」の手続きとは互いに相殺する関係にある。さて、同じ証明をASNモデルで行うには、まず節の集合に相当するものをネットワークに格納し、証明手続きの賦活制御プログラムを作る。このようによく起る推論の道筋を特殊な文脈として記憶しておけば、上記の相殺する手続きは共に不要になる。すなわち、より一般的な証明系を作るより、特殊な文脈を記憶しておきパターンマッチングによって日常的な想起や再認や推論を実現するという考えが背景にある。意味をなすユニットは、要素的概念が格構造などを表わすリンクで結合され、一つのまとまりを形成している。そしてそういった有意味ユニットがいくつか集り、それぞれは内部構造を変えないで、節点の変数あるいは変数値を共通にそろえて相互に節点をかさね、たとえば因果関係を表わすリンクなどを仲介に結合されていく。このようにして、SN は知識を連合し統合していく。知識の統合は、個々の特殊な文脈の下で可能である。だからこそ、SN は、外界からの情報に含まれる特殊な文脈の再認に役立つのである。

2・1・3　有意味ユニットの取り扱い方

さきに、SN が有意味ユニットを陽に表現しないと述べた。このことについて簡単な例を使って説明しよう。いま、次のような文章で表現される知識について考える。

「春彦は友彦にテニスラケットをゆずった。
だから、そのラケットはいま友彦のものである。」

これを R. C. Schank のいう概念依存構造［文献21］で表すと図2・1・1のようになる。ただし、図2・1・1がこの文章の意味する内容と同じになるには、図2・1・1の各節点が持つスロット (slot) を次のように満たす手続きを経由しなければならない。

P1=春彦　P2=友彦　X1=テニスラケット

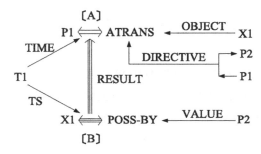

図2・1・1　R. C. Schank の概念依存表現
「P1 は P2 に X1 をゆずった。だから、X1 はいま P2 のものである。」

〈意味〉の結合科学

　Schank によれば、言語レベルの動詞で表現される行為は数少ない要素的な行為に分解でき、したがって、概念レベルの表現はそれらの要素的な行為の合成によって表現されるとしている。ATRANS はそのような要素的行為の一つであり所有権や支配権の委譲を表す。概念の統辞規則として Schank があげた典型的なものが概念化構造（conceptualization）と呼ばれるもので、それには行為を表すものと状態を表すものとの2種類が区別される。図2・1・1に、前者は2重線両方向矢印で、後者は3重線両方向矢印で、それぞれ示された部分に現れている。行為の概念化構造は、格構造をそのおもな構成要素とする。また、図2・1・1に現れている POSS-BY は被所有の状態を表す概念である。

　図2・1・1が表現する同じ内容を節点と有向弧とから成る典型的な SN 表現に書き直すと図2・1・2のようになる。この表現では同一のラベルを持つ節点が2箇所以上のところに重複して現れることを禁じている。またこの図において、節点を1重丸と2重丸のものに有向弧を1重線と2重線のものに区別しているが、この区別は説明の便宜のためでありグラフ構造として見るならば同格である。さて図2・1・1で明瞭に表現されていた概念化構造が図2・1・2では、確かに、明示されなくなっている。このように潜在化しているものを改めて顕在化する方法は賦活の手続きすなわち注目するための動的過程以外にはない。図2・

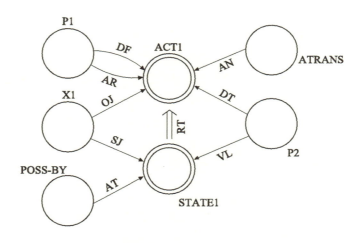

AN:ACTION　　　AR:ACTOR　　OJ:OBJECT
DF:DIRECTIVE-FROM　　DT:DIRECTIVE-TO
AT:ATTRIBUTE　　VL:VALUE
SJ:SUBJECT　　RT:RESULT

図2・1・2　典型的な意味ネットワーク表現

— 28 —

1・2をさらに図2・1・3のように書き直してみればこのことがより明らかになるであろう。ここで方形で囲った部分は、一つの節点とその隣接弧のすべてから成るユニットであり節点セルと呼ばれる。各隣接弧は、その節点からその隣接弧を経由する隣接節点へのポインタを伴う。SNは節点セルの集合として形式的に表現される。ASNモデルにおいて陽に表現されるユニットは節点セルだけである。言うまでもなく、節点セルは有意味ユニットではない。ASNモデルが備えているASNの賦活制御命令系に対して、節点セルはその操作対象の単位とされている。ASNの賦活過程の流れにしたがって順次励起される節点セルの部分集合が、知識の有意味ユニットとして顕在化するのである。

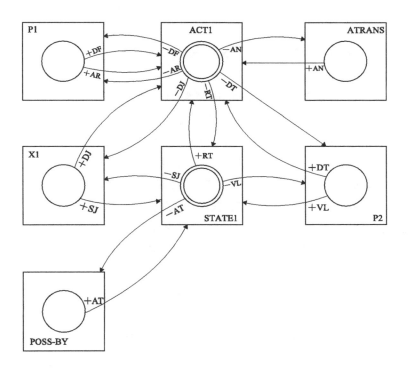

図2・1・3　節点セルの集合

2・1・4　賦活制御命令系の機能

　ASN モデルは分配論理記憶の原理を採用している。分配論理記憶はすべての記憶セルに同じ操作を同時にほどこす。この手法を採用して、ASN モデルに、すべての節点セルに同じ操作を同時にほどこす命令系を与えた。ASN を賦活制御する手続きはこの命令系を使って実現する。ASN モデルでは、注目された節点セルを「励起された節点セル」と呼ぶ。「励起された節点セル」は分配論理記憶における「活性な記憶セル」に対比して考えることができる。

　図 2・1・2 の例に表現された内容は全体の ASN 記憶の中の一部分である。いま、
　　　　　　「春彦は友彦にテニスラケットをあげた。」
という文章を受けると、記憶の主体はこの文章を概念の表現に変換する手続きを経由したうえ、その概念表現を使って　P1、P2、X1、ATRANS、ACT1 の部分を励起し、また、それらのスロット (slot) を次のようなフィラー (filler) で埋める。
　　　　　　P1 ＝春彦　　P2 ＝友彦　　X1 ＝テニスラケット
この状態から、
　　　　　　「そのテニスラケットは友彦のものである。」
ことが推論される手順は次の通りである。その手順のすべてが賦活制御プログラムによって実行される。さて、さきに述べた五つの節点がいま励起状態であると仮定する。まずこの励起領域のうち、代表節点 ACT1 だけに励起状態を残し他は励起状態でなくす（このことをもって「励起領域を ACT1 だけに集約した」と表現することもできる）。続いて、RESULT リンクを通してその励起状態を節点 STATE1 へ移す。そしてさいごに、概念化構造を構成するリンクを通して節点 STATE1 の励起状態を節点 X1 や P2 や POSS-BY へ拡散する。以上のような過程を ASN モデルは、たとえると、映画の動画面を作る要領で実現する。即ち、節点セルの全集合が画面を構成し、一連の賦活制御命令が各節点セルに変化を起して一コマずつ画面を作り出す。以上の説明でも明らかなように ASN モデルは知識を節点単位で識別する。したがって、ASN にどんなに複雑な有意味ユニットを埋め込むことになっても、その構造が認知されている限り一定の手続きで識別することができる。

2・1・5　プロダクションシステムの認知的拡張

　記憶されたものは、必要に応じて、つねにそのとき必要とされている部分だけが注目される。このことを「記憶の賦活 (memory activation)」と呼ぶ。また、

このような賦活の機能を備えた記憶機構を「活性化された記憶」と呼ぶことにする。ASNモデルは記憶を活性化することによって、外界から受け入れた情報を再認する機構を実現した。そのうえさきに述べたように、ASNはその中にプロダクションルールを埋め込むことができる。また、その部分が励起されるとPSが発現するような機構を構成するのは容易であろう。すなわちASNモデルは、宣言的知識と手続き的知識とをASNの中に同じ表現形式で混在させ、しかもその記憶機構を活性化することによって、認識と行為とを連合しようとする試みである。

　知識の利用には、古い知識を賦活し、新しい知識を生成する、という二つの局面がある。PSはプロダクションルールによって生成の局面を効果的に実現している。しかしその結果、賦活の局面が充分に反映されなくなった。プロダクションルールはルールが起動される条件の集合とその条件が満たされたとき実行される動作の集合との対から成る。ここで前者は、あくまでも、後者が発現する条件を与えるものであり、一般的に言って、心理学的現象である本来の認知あるいは再認などの役割をはたしているとはみなしがたい。また、PSの制御機構は、せいぜいルール適用の優先順位やバックトラッキングなど、単純なものにとどまっている。したがって、複雑多岐にわたる認知や再認の機構を表現するのが困難で、認識システムを実現する道具として不適当である。一方、ASNモデルは、知識の賦活の局面を充分活かしているから、認識システムの実現に適応性を示す。しかも、PSを包摂でき、知識の生成の局面も充分考慮されている。

　ASNモデルについて、もう一つ注目すべき点は、概念ネットワーク記憶を「意識の座」とする仮説を立てたことである。「意識」を概念ネットワーク記憶の励起領域だと解釈する。このことが、PSのもう一つの認知的拡張になっている。たとえば、連想のような記憶の事象をPSで実現するとき、プロダクションルールの適用によって連想されるべきことがらを生成することになる。このとき疑問がのこる。適用されるプロダクションルールは意識されているのだろうか。また、作業記憶の内容は、全部がつねに意識されているのだろうか。勿論、PSにはそれに答える準備がなされていない。しかしASNモデルには、意識と無意識、あるいは潜在意識などを区別して議論できる準備がなされている。

2・2　概説

2・2・1　言語理解システム

　言語理解システムには、概念レベルの知識が必要とされる。本研究における知

〈意味〉の結合科学

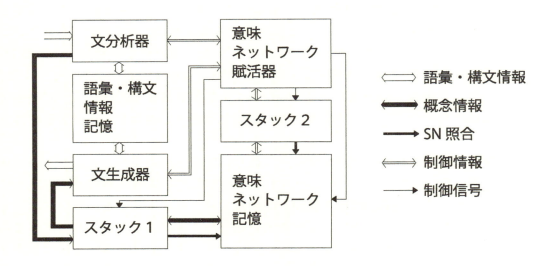

図2・2・4 概念記憶をもつ言語理解システム

識の与え方は、まずSNによって概念を表現し、概念レベルの想起や推論は、そのSNの励起（excitation）や賦活（activation）によって実現する。SNの賦活された領域の動きを賦活動態と呼ぶが、賦活動態を表現できるSNを、活性化された意味ネットワーク（activated semantic network）と呼ぶ。以下、これをASNと略称する。

　図2・2・4に概念記憶をもつ言語理解システムを示す。意味ネットワーク記憶と記したところがASNを貯蔵する場所である。ASNの節点や弧は、SIMD（single instruction stream multiple data stream）並列に制御される。ASNをそのように賦活制御するのが賦活器である。ASNの賦活動態は、それぞれそのきっかけをつくる概念を持つ。これを触発因子と呼ぶ。触発因子には、入力文に含まれ直接賦活器を動かすものとASNに含まれ賦活されてその存在が認められるものとがある。前者は、文分析器において認識され、それと対に与えられている賦活制御プログラムが賦活器で解釈されるきっかけを与える。後者が認識されるのは、触発因子が賦活されたことを自動的に知らせるASN記憶からの信号を受けた賦活器がスタック2を通して行うASNへの照合操作による。賦活器は、触発因子と賦活制御プログラムとの対の集合体である。これが概念記憶の自発的な計算機構（spontaneous computation）をもたらす。スタック1やスタック2は照合すべき概念（これを照合子という）を容れ、ASN記憶への照合操作を

— 32 —

たすける。ASN の制御は、SIMD 並列の照合を基本的な手続きとするので、図 2・2・4 ではとくに照合子の経路を明示した。

2・2・2 考察すべき項目

ASN は次のような特徴を持つ。
(a) ASN の節点や弧のラベルを原子概念と呼ぶ。原子概念に活性項を含ませ、それを使って賦活動態を表現する。
(b) 再帰的拡張節点という概念を導入し、有向グラフの上に認められる有意味な部分グラフを同定する手段を与える。再帰的拡張節点は原子概念から構成された複合概念である。
(c) ASN の賦活動態を制御するプログラム言語を作る。この言語は節点や有向弧の原子概念から成るデータ集合を SIMD 並列に制御する。このような制御機構は分配論理記憶の原理を背景としている。

したがって、ASN に関する理論は、次のような諸項目について考察を進める必要がある。
(1) ASN の静態構造
(2) 原子概念の構成
(3) ASN の賦活動態
(4) 賦活動態を制御するプログラム言語
(5) 励起動態の形態論的分類
(6) 賦活動態の触発因子

以下、各項目について概説する。

2・2・3 ASN の静態構造

ASN は節点・弧ラベル付き有向グラフを基底構造とする。それに、再帰的拡張節点という概念を導入し、有向グラフの上に認められる有意味な部分グラフを識別する手段を持った。再帰的拡張節点（以下、R 節点と略称する）は、原子概念を節点や弧のラベルとする ASN の部分グラフであり、たとえば命題や Schank の概念化構造 (conceptualization) など、まとまりのある複合概念を表す。ASN においては、同じ原子概念を持つ節点が 2 箇所以上のところに重複して出現することを許さないので、異なる R 節点を重ね合せて表現することになる。したがって、一つ一つの R 節点は賦活されることによってのみ他から識別される。R 節点は、後述する賦活制御プログラムによってまとめて同時に賦活

されるなど、必要に応じて、単一の基底節点と同様のふるまいをするように設定することが出来る。R節点は、そのグラフ構造を指定することによって定義される。これを構造認識規則と呼ぶ。ASNは、分析の視点の異なるさまざまな知識を統合する。ASNの上で行われる知識の統合には次の2通りの方法がある。緊密な結合によるものとゆるやかな結合によるものとである。それぞれ、硬いR節点、軟らかいR節点と呼び、それぞれへのアクセス法によって識別される。前者は、直接的な弧による連結関係を辿って同定され、グラフ理論にいういわゆる連結成分を構成している。後者は、ASN全体を見渡して内容指定アクセスによって同定され、ASN上直接弧による連結関係がない部分グラフの集合である。知識を意味ネットワークで表現する方法には従来から多くの提案がある。それらを通観すると、それぞれ、概念を高次の構造に組織化していく形態に違いを示している。この違いは、構造認識規則の違いとして把握される。節点・弧ラベル付き有向グラフに再帰的拡張をほどこしたものを再帰的拡張ネットワークと呼ぶ。ASNは、再帰的拡張ネットワークをその静態構造 (static structure) とする。

2・2・4 原子概念の構成

　ASNの節点や弧のラベルを原子概念と呼ぶ。言語理解に必要な概念レベルの知識を得るために、ASNの表現力や活用性を増強しなければならない。そのため、原子概念の構成に十分な考慮を払う必要がある。原子概念はいくつかの概念素項から成り、概念素項は活性項と蓄積項とに分れる。そのうち活性項は、連想や推論など動的過程を表現するために設けられた。次に概念素項を列挙する。各項の詳しい定義は第3章に示す。

　　活性項　　励起項
　　　　　　　励起痕跡
　　　　　　　パラメトリック特定化項
　　　　　　　シンボリック特定化項
　　蓄積項　　活性度
　　　　　　　あいまいさ
　　　　　　　調整子
　　　　　　　記述子
　　　　　　　同定子

2・2・5　ASNの賦活動態

　人はいつでも記憶の中に貯えられた情報の一部に注意を向けることができる。ASNモデルではこのことを「励起される」という表現で言い表わしている。ASNの特定の部分に注目する手段として、換言すれば、ASN記憶の特定の部分が記憶の主体に意識されていることを表現する手段として、節点や弧の活性項の一つに励起状態であることを示す項を設けた。これを励起項と呼ぶ。また、記憶されている普遍的知識は、現実に進行している外界の脈絡を反映して、特定化される。この役割を担う活性項を特定化項と呼ぶ。特定化項には、パラメトリックな内容のものとシンボリックな内容のものとがある。

　さて、励起されることや特定化されること、すなわち、活性項に情報を担うことをまとめて「賦活される」という。ASN上の励起領域や賦活領域は、概念レベルの連想や推論を実現するとき、重要な役割を演じる。ASNに対して賦活制御機構が働きかけるのは、主として、その励起領域である。すなわち、ASN記憶に対する意識的な操作はこの励起領域に限られると考えてよい。励起領域が、特定化項の変化を伴い、拡散、集約、転移していく過程を、賦活動態（movement of activated domain）と呼ぶ。賦活動態の実例を第4章や第5章に示す。

2・2・6　賦活動態を制御するプログラム言語

　ASNの賦活動態を、プログラムにして、定着する必要がある。そのため、その賦活制御手続きを記述するためのプログラム言語を構成した。これをASNの賦活制御言語と呼ぶ。各命令は、節点セルの集合をSIMD（single instruction stream multiple data stream）のモードで並列に制御する。ここで、節点セルとは、ASNの一つの節点とその隣接弧のすべてをまとめて、形式的な一つのユニットと考えたものである。賦活制御言語を使えば、ASNのR節点を識別しながら自在にネットワーク構造を辿る手続きを記述できる。TRANSFER STATE命令によって励起状態の節点間移送が制御できる。R節点の識別を容易にするため、指定した弧ラベルで結ばれる節点同士が励起状態を共有するように設定したり、またそれを解除したりできるように、SET SHARING-EXCITATION命令やCLEAR SHARING-EXCITATION命令を設けた。MATCH、TRANSFER STATE、SET SHARING-EXCITATIONの3命令を、まとめて励起命令と呼ぶ。励起命令が実行されたあとには、通常、励起された原子概念が存在している。その場合に、必要に応じて、励起されたことの痕跡を残すことが出来るように励起命令にその機能を付加した。この機能を利用する

と論理探索が容易になる。すなわち、賦活制御プログラムの中にブロックを設定し、その中の指定された励起命令が個別にASNを励起するのを累積してそれらのAND条件やOR条件などで最終的な励起痕跡を得ることができる。それには、SET LOGICAL MODE 命令と CLEAR LOGICAL MODE 命令とでブロックをはさみ、前者でANDやORの論理条件を指定する。そのほかの命令として、ASN上の励起節点の個数を分岐条件とする分岐命令などがある。賦活制御言語については、第6章において詳述する。

2・2・7 励起動態の形態論的分類

励起領域の移動集散を、とくに励起動態と呼ぶ。励起動態においては、過渡的な状態は別として、励起領域は常に単一のR節点である。ASNモデルでは、概念レベルの推論を、この励起動態によって実現する。すなわち、ASNは常時単一のR節点のみが励起されており、励起動態とは、あるR節点から他のR節点へと励起状態を引き渡していく過程をいう。そして、概念推論は、ASNの励起動態によって表現されるのである。

励起動態は、形態論的に、分類可能である。二つのR節点の間で励起状態の受け渡しが実行される状況を考えると、二つのR節点が硬いか軟らかいか、また、励起状態の移動が拡散的か集約的かあるいは転移的か、という二通りの分類基準が考えられる。これから生ずる12通りのパターンが、概念推論のさまざまな事例を構成する要素的な基本動態になっている。

2・2・8 賦活動態の触発因子

本研究では、SN表現の具体例を、R. C. Schank の概念依存性理論から獲得し、またそのSN表現を用いて賦活動態の事例研究を行なってきた。その結果、ASNの賦活動態にはそれを生起させる特定の触発因子があることが認められた。たとえば、入力文中の動詞は、文分析器で認識され、ASNのその動詞の概念テンプレートに該当する部分を励起する手続きを触発する。動詞の概念テンプレートは、要素的行為（primitive action）や要素的状態の組合せによって表現されており、語彙・構文情報記憶にある対照辞書から得られる（図2・2・4参照）。また、ASN記憶の中にも触発因子が埋め込まれている。励起領域がそれらを覆うとき、賦活器に検出されて、賦活動態を触発する。たとえば、入力文から得られるのであるがいったんはそのまま内部化される代名詞情報は、あとで検出されて、同定の手続きを触発する。また、否定の情報は、排中律にしたがって、賦活

領域に矛盾が生じていないかどうか調べる一種の評価過程を触発する。また、欲求を表す要素的行為 WANT [文献 21), 27)] は、なぜだろうかという疑問を生じ易い因子であって、その原因を探索する賦活動態を触発する。すなわち、個々の賦活動態はそれを触発する特定の因子をもち、また、それらは入力情報の中にも ASN 記憶の中にも認められるのである。

第3章　活性化意味ネットワークの静態構造

　活性化意味ネットワークの構造とその記法について述べる。活性化意味ネットワークの節点や弧に添付されるラベルを原子概念と呼ぶ。概念の記憶を実現するのに必要な表現力と活用性とを持たせるため、原子概念の構成には十分な注意を払わなくてはならない。原子概念はいくつかの概念素項を持ち、主として活性項と蓄積項とに分けられる。前者は連想過程に係わる変化項を表現するために設けられ、励起項、励起痕跡、パラメトリックな特定化項、シンボリックな特定化項などと呼ばれる概念素項から成る。蓄積項は、活性度、あいまいさ、調整子、記述子、同定子などから成る。

　活性化意味ネットワークは節点・弧ラベル付き有向グラフを基底の構造とするが、その上に基底の節点のあつまりとして複合概念が表現され相互に重なり合っている。この潜在化した高次の構造を形式的に表現するため再帰的拡張節点という概念を導入する。再帰的拡張節点の具体例として、R. C. Schank の概念依存性理論（conceptual dependency theory）や標準的な論理表現を適用した概念化構造（conceptualization）を示す。［文献 96)］

3・1　諸定義

3・1・1　概念素項

定義 3-1　ASN のラベルを原子概念（conceptual atom）と呼ぶ。また、原子概念は次のような概念素項（conceptual terms）から成る。

活性項 AT	励起項	(*)
	励起痕跡	(#1, #2)
	パラメトリック特定化項	PS
	シンボリック特定化項	SS
蓄積項 CT	活性度	AV
	あいまいさ	FZ
	調整子	MD
	記述子	DC
	同定子	ID

定義 3-2　原子概念が活性項（active terms）に入力情報を保持しているとき、

その原子概念は「賦活されている」という。とくにそれが励起項であれば、「励起されている」という。

SN記法を拡張する意味と、ASNのある部分を活性化する意味との、二通りの意味を表わすのに、同じ「活性化 (activated)」という言葉を使う。本研究では、混乱を避けるため、前者には「活性化」、後者には「賦活」という言葉を使い区別する。

3・1・2　LTM－定着

定義3-3　ASNの賦活された部分が、その活性項を蓄積項 (cumulative terms) に変換されて、別のところに複写されることをLTM－定着という。もとの部分は、活性項が消され蓄積項のみに復旧する。

LTMとは長期記憶 (long term memory) のことである。入力情報を長期記憶とするにはLTM－定着の手続きが必要である。活性項を蓄積項へ変換するとき、パラメトリック特定化項は活性度やあいまいさへ、シンボリック特定化項は調整子や記述子や同定子へ変換される。

3・1・3　蓄積項

(1) 記述子

ものやものの属性、ことやことの状態など、普遍的概念を記述する名辞を格納する項である。

(2) 同定子

特定の個体を同定するために使われる名札を格納する項である。絶対同定子と相対同定子との2種類を使い分ける。前者は現実の外的世界に実在する特定の個体（これを定実体と呼ぶ）を指示する。後者は、現実の外的世界に実在する特定の個体を指示するのでなく、内的世界においてのみ意味のある個体を指示する。同一の普遍的概念を具現する外的世界の不特定な個体群の中から特定の一つが選択されることを想定して、その個体（これを不定実体と呼ぶ）を指示する場合と、他の定実体や不定実体と関係を結びその特定化がそれら他の実体が特定化された結果に依存する個体（これを変数的実体と呼ぶ）を指示する場合とがある。相対同定子は、知識の中で、個体間の同一視や相互識別のための道具となる。

(3) 調整子

記述子の変化項の役目をする。物理的対象の単数、複数、集合、物質的など数量的様態を示し、また、時制や様相など概念化構造や関係概念などの微調整的修

飾を行う項である。名辞でなく記号が使用される。
(4) あいまいさ（fuzziness）
　言語表現のあいまいさを内的表現に変換したもの。言葉による状態表現や、確かさを表わす言葉（これを言語的真理値と呼ぶこともある）で修飾された文章（内的表現では概念化構造になる）などの、あいまいさを表現する項である。言語的表現が変換され内的表現では数値になる。原子概念や概念化構造のあいまいさを構成員関数とすれば、fuzzy 集合や fuzzy 論理の機構を ASN の賦活制御機構として実現できる。
(5) 活性度
　賦活された頻度を実現する項である。概念記憶の主体が外界に適応して知識を組織化していく機構、すなわち学習機構を、構成するときの基本的情報を与える。
　あいまいさや活性度は数量的因子であることで他の項から区別される。Schank の概念依存性理論では、状態表現の尺度として導入されている。本研究ではいまだこれら数量的因子にまで考察を進めるに至っていない。しかし、言語理解システムを実現するには少なくとも言語表現のあいまいさを処理するため、あいまいさの項に関するシステム構成がすぐにも必要になる。
　蓄積項に属する各概念素項の記法を次に示す。

　　　　〈記述子〉＝〈英大文字連糸〉｜〈絶対量〉
　　　　〈絶対量〉＝〈実数〉〈次元〉｜〈絶対量〉〈次数〉〈次元〉
　　　　〈同定子〉＝〈絶対同定子〉｜〈相対同定子〉
　　　　〈絶対同定子〉＝〈英大文字連糸〉〈数字連糸〉
　　　　〈相対同定子〉＝〈英小文字連糸〉〈数字連糸〉
　　　　〈調整子〉＝〈英小文字連糸〉
　　　　〈あいまいさ〉＝ f 〈実数〉
　　　　〈活性度〉＝ a 〈実数〉

3・1・4　活性項

(1) 励起項
　ASN の上の励起された部分を示す。
(2) 励起痕跡
　励起されたことを必要な期間保持するために設けられた項である。保持期間は、賦活制御機構のプログラムに依存する。
(3) パラメトリック特定化項
　ASN の賦活領域において、蓄積項のあいまいさや活性度に相当する内容の活

〈意味〉の結合科学

性項を短期間格納する項である。
(4) シンボリック特定化項
　ASN の賦活領域において、蓄積項の記述子や同定子や調整子に相当する内容の活性項を短期間格納する項である。
　励起状態を表わす記号は"＊"である。励起痕跡は"#1"と"#2"との2種類が区別して使われる。励起項や励起痕跡はASNモデルの構成上、モデル固有の制御を受ける部分である。また、パラメトリックおよびシンボリックの両特定化項の記法は、それぞれ該当する蓄積項の記法に準ずる。

3・1・5　弧原子概念の有向性と励起共有設定

　まず、ASN を賦活制御する言語の効果が ASN の上にどのように表れるか説明するため、ASN の図示法を決めておきたい。この記法はおもに第6章で使われる。ASN を構成する基本単位は二つの節点とそれを結ぶ一つの有向弧である。図3・1・1のAT、CTはそれぞれ活性項、蓄積項を表わす。添字nとaとは、節点と弧とを識別する。

　弧原子概念は方向を持つので、表現される概念も、両端の節点の2方向へ分

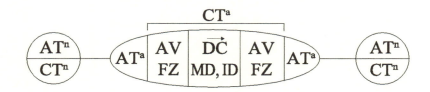

図3・1・1　ASNを構成する基本単位

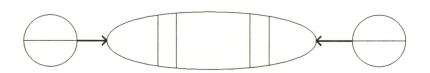

図3・1・2　励起共有設定

極する。活性項のうち励起項と励起痕跡とが分極する。たとえば、励起状態の移送がどの方向に行われたかを示すには、弧の両端に分極した励起項や励起痕跡を使って識別すればよい。特定化項は次に述べる蓄積項に準ずる。蓄積項は、そのうち数量的因子であるあいまいさや活性度が分極する。そのほかの概念素項は分極しない。図3・1・1において、記述子DCに添えた矢印は弧の方向を示している。

　次に、弧原子概念に固有なもう一つの活性項、励起共有設定を定義する。励起共有設定は、図3・1・2のように太い矢印で示される。これもモデル固有の制御を受ける活性項であり、かつ分極する。励起共有設定された弧の両端の節点同士に、励起状態を共有する関係が生ずる。図3・1・2では両端に矢印を持っている。この場合は、左右いずれか一方の節点が励起されたら、他方の節点も自動的に励起状態になる。左右いずれか一方だけに矢印が付けられている場合は、その方向にのみ励起共有である。たとえば、左の矢印だけならば、左の節点が励起されると右の節点も自動的に励起されるが、右の節点が励起されてもそれによって左の節点が励起されることはない。励起共有設定は、R節点を同定する操作を自動化するのに使われる。

3・1・6　再帰的拡張ネットワーク

定義3-4　節点・弧ラベル付有向グラフは三つ組 (N, A, L) で定義される。
　　　　1) Nは節点の有限集合である。それぞれの節点は互いに異なる節点ラベルを有し、グラフの中のどの二つの節点をとっても同じラベルを持つことがない。Nは節点集合であり、かつ節点ラベル集合である。
　　　　2) Lは弧ラベルの有限集合である。
　　　　3) $A \subset N^2 \times L$、すなわち $(x, y; u) \in A$、$x, y \in N$、$u \in L$ のとき節点xから節点yへ有向弧が存在し弧ラベルuが添付されている。
定義3-5　再帰的拡張ネットワークは五つ組 (N, A, L, S, R) で定義される。
　　　　1) 再帰的拡張ネットワークは節点・弧ラベル付有向グラフ (N, A, L) を基底構造とし、その上に再帰的拡張節点集合Rを同定できる。NはRと区別するため基底節点集合と呼ばれる。
　　　　2) $N \subset R$ である。
　　　　3) 構造認識規則Sに従ってRの部分集合を作る。それら部分集合の集合が再帰的にRに包含されるとき、Rは、基底節点集合Nの構造認識規則Sに関する再帰的拡張節点集合と呼ばれる。

　構造認識規則の与え方によってさまざまな再帰的拡張ネットワークが得られる。

〈意味〉の結合科学

定義 3-6 活性化意味ネットワーク（ASN）の静態構造は再帰的拡張ネットワークである。

　ASN の基底構造に埋め込まれて潜在化している複合概念を識別するのが構造認識規則の役割である。再帰的拡張節点（これを R 節点と略称する）は、概念のかたまりであって、それが小さなかたまりから大きなかたまりへと組織化された様子を表現する。

　与えられた再帰的拡張ネットワークの R 節点集合を同定するには次のような手続きに従う。まず、基底節点集合 N に構造認識規則 S を適用してその部分集合の集合 R1 を作る。N∪R1 を第 1 次 R 節点集合と呼ぶ。引き続き、この N∪R1 に対して規則 S を適用し、その部分集合の集合 R2 を作る。N∪R1∪R2 を第 2 次 R 節点集合と呼ぶ。以下同様にして高次の R 節点集合を作り続け、結局、R 節点集合 R は、

$$R = N \cup R1 \cup R2 \cup R3 \cdots\cdots$$

と与えられる。高次の R 節点ほど ASN 上覆う部分が大きくなるから、考え得る最高次の R 節点はたかだか ASN 全体である。したがって、ASN 全体が有限である限り R の同定手続きは、ある有限な n 回の手続きで済み、n 次 R 節点集合を求めた時点で終る。

3・2　概念依存性理論の場合

3・2・1　節点蓄積項の種類とその略記号

　R. C. Schank の概念依存性理論の考え方に、標準的な論理学の考え方を加味して、ASN モデルにおける節点蓄積項の構成について考察する（表 3・2・1 参照）。節点蓄積項の表記法を次のように定める。

　　　　　(MD：〈調整子〉、DC：〈記述子〉、ID：〈同定子〉、AV：〈活性度〉、
　　　FZ：〈あいまいさ〉)

ただし、不要な概念素項があればその部分を削除する。

　同定子の記法は相対同定子の場合と絶対同定子の場合とで区別する。たとえば、行為の概念化構造の代表節点では、相対同定子ならば "a" を先頭にしてそれに数字連糸を続けることにより示し、絶対同定子ならば "A" を先頭にしてそれに数字連糸を続けることにより示す。他の概念化構造の代表節点の場合もそれぞれ指定の文字を使い、同様に示す。物理的対象 PP の場合も先頭はそれぞれ任意の文字連糸を使い、相対同定子の場合は小文字、絶対同定子の場合は大文字で示すことにする。

表 3・2・1　節点蓄積項の種類とその略記号

略記号	節点蓄積項
\multicolumn{2}{c}{構成要素節点}	
PP	物理的対象の概念を表わす名辞
PA	物理的対象の属性表現 （DC：〈状態〉，FZ：〈尺度〉）
AA	要素的行為の補助表現
LOC	場所
T	時
ACT	要素的行為 （DC：〈要素的行為〉）
\multicolumn{2}{c}{代表節点　（注）本書の簡便図示法では2重マルで図示される。}	
A	行為の概念化構造の代表節点 （MD：〈時制〉，DC：ACTION，ID：(a｜A)〈数字連糸〉）
S	状態の概念化構造の代表節点 （MD：〈時制〉，DC：STATE，ID：(s｜S)〈数字連糸〉）
SC	状態変化の概念化構造の代表節点 （MD：〈時制〉，DC：STATE CHANGE，ID：(sc｜SC)〈数字連糸〉）
R	n項関係表現の代表節点 （DC：RELATION，ID：(r｜R)〈数字連糸〉）
F	関数表現の代表節点 （DC：FUNCTION，ID：(f｜F)〈数字連糸〉）
L	ラムダ抽象化表現の代表節点 （DC：LAMBDA，ID：(l｜L)〈数字連糸〉）
Q	限量化表現の代表節点 （DC：QUANTIFICATION，ID：(q｜Q)〈数字連糸〉）
C	複合概念化構造の代表節点 （DC：COMPLEX，ID：(c｜C)〈数字連糸〉）

（注）概念化構造の種類を区別する必要のないとき、その代表節点における同定子の文字連糸部分に CON を使うこともある。

〈意味〉の結合科学

物理的対象の名辞は次に示すような数量的様態を表わす調整子を伴うことがある。

indiv	個体
plur	複数個体群
set	集合概念
mater	非可付番的物質の名辞

概念化構造の時制などは次のような代表節点の調整子で示す。

p	過去	tf	変化の終了時点
f	未来	∞	時に無関係
nil	現在	c	仮定法
k	進行	n	否定
ts	変化の始時点	?	疑問

3・2・2 CDダイアグラムから再帰的拡張ネットワークへの変換

本研究では、概念依存性理論（CD理論と略称されることもある）を採用して、ASNの具体例とした。Schankが概念化構造（conceptualization）を表現するのに使ったネットワーク記法をここではCDダイアグラムと呼ぶことにする。本項では、そのCDダイアグラムを再帰的拡張ネットワークに変換する手続きを示す。

一例として、次のような文章を考える。

　　　　John hit Bill.

CD理論では、これを概念記憶に内部化された表現に変換し、図3・2・1のような記法で示す。これをCDダイアグラムと呼ぶ。ここには、ASNモデルでいうような活性項は含まれず蓄積項のみが表現されていると解釈してよい。図3・2・1に記されている各ラベルについて、ASNモデルの解釈によって、それぞれ、どの概念素項に属するか調べてみよう。

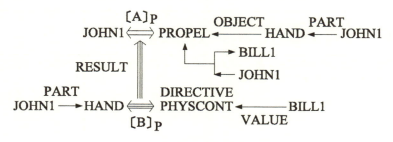

図3・2・1　CDダイアグラムの一例

第3章 活性化意味ネットワークの静態構造

調整子　　　p
記述子　(1) PROPEL, PHYSCONT, HAND
　　　　(2) Actor, Object, Directive, Value
　　　　(3) Result, Part
同定子　　　JOHN1, BILL1

　記述子が三つのグループに区別されている。(1)類は節点の原子概念に属するもの、(2)類と(3)類とは弧の原子概念に属するものである。そのうち、(2)類は概念化構造を形成する構造的リンク (structual links) と呼ばれ、(3)類は因果関係のリンクや付加的属性を表現するリンクなどで主張的リンクと呼ばれるものである。記述子(2)類のActorは、CDダイアグラムには陽に現れていない。これについては、CDダイアグラムからASNモデルの記法への変換法に関係することであり、説明を要する。CDダイアグラムには概念化構造と呼ばれる複合概念があり、行為の概念化構造 (active conceptualization) と状態の概念化構造 (stative conceptualization) との2種類を区別する。図3・2・1でいえば、前者は [A] に、後者は [B] に例示される。概念化構造（以下、CONと略称する）をASN記法で表現すると図3・2・2のようになる。表現された内容は図3・2・1と同じである。ただし、ASN記法といっても、3・1・5項で定義した記法と

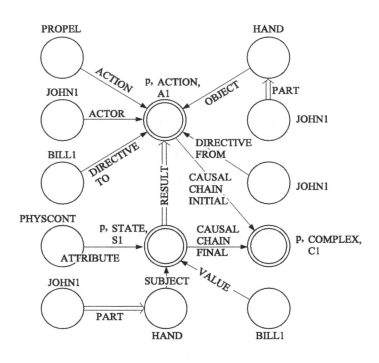

図3・2・2　ASN簡便図示法

― 47 ―

〈意味〉の結合科学

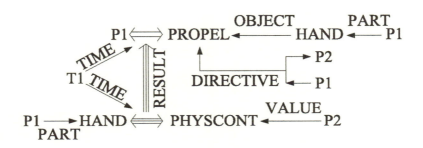

図3・2・3　相対同定子を含むCDダイアグラム

異なり便宜的に簡略化した表現にしている。CDダイアグラムにおけるCONの内容は、図3・2・2の記法において、その構成要素がすべて平等に位置付けされ、2重マル表示の代表節点によってまとめられている。前述した記述子Actorは構造的リンクの一つとして陽に現れる。図3・2・1のCDダイアグラムに現れている調整子は、過去の時制pのみである。これは、CON［A］や［B］の概念素項であるから、図3・2・2においては、代表節点A1、S1、C1に添付されるべきものである。同定子についていえば、図3・2・1のCDダイアグラムには絶対同定子のみ現れている。JOHN1やBILL1がそうである。これをCDダイアグラムのまま相対化すると図3・2・3のようになる。図3・2・3は図3・2・1より抽象度の高い知識である。ここでは、相対同定子が、対象の記述子を反映するように、次に示す文字を使って示した。

　　P：PERSON　　　　　X：PHYSICAL OBJECT　　B：BODY PART
　　M：MENTAL LOCATION　L：LOCATION　　　　　T：TIME
　　ACT：PRIMITIVE ACTION　CON：CONCEPTUALIZATION

そして、たとえば、P1と書いて、ASNモデルにおける記述子PERSONと相対同定子p1とを兼ねて表現している。これも、便宜的に簡略化した表現法である。

3・2・3　再帰的拡張ネットワーク記法に関する注意事項

　ASN記法に関して二つの注意事項を述べる。
　まず第1、記述子について、弧の原子概念にはあり得ないが、節点の原子概念の場合二重三重の属性規定を受けることがある。すなわち、二つ以上の記述子を持つべきときがある。しかし、概念の重なり合いはネットワーク構造で表現しようとするのが意味ネットワーク記法の原則であるから、ここで、一つの原子概念は唯一の記述子しか持ち得ないと約束し、それ以上の属性規定は、必要に応じて、

主張的リンク（たとえばISAなど）を通じて、その節点に外側から付加する。

　第2、節点の取り方について、ASNを蓄積項だけ見ると、同じラベルが二つ以上の異なる節点に同時に現れることはない。ところが、上記の図3・2・1、3・2・2、3・2・3の各表現においては、この原則が適用されていなかった。しかしこれは、理解を容易にするための便宜的な表現にすぎない。これは、一種の展開図であり、本来一つであるべき節点を重複して表現している。同じ蓄積項を表現する節点が二つ以上あれば、本来重なり合って一つの節点だと心得るべきである。

　CDダイアグラムはASN記法に変換可能である。このことを保障にして、以下、理解を容易にするためCDダイアグラムを使って議論を進めることが多くなる。そのときCDダイアグラムの上で、原子概念を活性項と蓄積項とに大まかに区別するため、

　　　　　〈蓄積項〉（〈活性項〉）

のように、活性項の方を括弧で括って表現することになる。

3・3　構造認識規則

3・3・1　構造的リンクによる概念化構造の構成

　ASNの弧の原子概念は構造的リンク（structural links）と主張的リンク（assertive links）との2種類が識別される。ASN簡便図示法においては、前者を1重線矢印、後者を2重線矢印で表わす。本節では、構造的リンクについて考察する。

　連想とか意味の拡大とかは、標準的な論理とは異なる心理過程に基づいている。前者を1次過程の思考、後者を2次過程の思考と呼ぶこともある。後者においては明確な類概念が存在し、その類概念が当てはまる対象の集合が主要な働きをする。すなわち、2次過程の思考における同一性は、同一の主辞を仲介とする。一方、1次過程の思考では類概念に基づく同一性は第1義的なものではなく、類概念に対応するある種のあつまりがあるにしても、その成員が類似していると認知されることなく、ただ成員同士が自由に交換される関係を保っているに過ぎない。1次過程の思考において、そのあつまりは共通の賓辞や部分を持ち、その共通の賓辞や部分によって同一化された対象の集合である。1次過程のそのようなあつまりが形づくられるのは多くの場合無意識の心理過程による。1次過程は有史以前から2次過程の発生に先行して存在する。人類史上どの時代に標準的な論理が獲得されたか推測するすべもないが、現代人にとっても1次過程は生存の不可欠な条件であることに変りはない。標準的な論理と対比して、このような

心理過程を古論理的な思考と呼ぶことにしよう。

概念化構造には、行為、状態、状態変化など古論理的なものと、n項関係、関数、ラムダ抽象化表現、限量化表現など標準論理的なものとがある。概念化構造は、一般に代表節点と構造的リンクとによって構成される。それぞれの概念化構造が特有の構造的リンクを持っている。概念化構造の表記法を次のように定める。

(〈代表節点の蓄積項〉(〈構造的リンク1の蓄積項〉
　　　　　　　　　　　　〈構成要素節点1の蓄積項〉)
　　　　　　　(〈構造的リンク2の蓄積項〉
　　　　　　　　　　　　〈構成要素節点2の蓄積項〉)
　　　　　　　　　　・
　　　　　　　　　　・
　　　　　　　(〈構造的リンクnの蓄積項〉
　　　　　　　　　　　　〈構成要素節点nの蓄積項〉))

節点の蓄積項は、3・2・1項で定義した略記号で表現することもある。また、この表記法と、3・1・5項において定義した図示法や図3・2・2において使用した簡便図示法との対応関係を明確にしておく必要があるが、それは、図3・2・2における概念化構造A1やS1の部分と、次項に定義されるそれらの表記法とを照合することによって明らかになろう。

3・3・2　古論理的概念化構造

(1) 行為

```
      (A ((DC：ACTOR) PP)
         ((DC：ACTION) ACT)
         ((DC：OBJECT) (PP | C))
         ((DC：DIRECTIVE − FROM) LOC)
         ((DC：DIRECTIVE − TO) LOC)
         ((DC：RECIPIENT − FROM) PP)
         ((DC：RECIPIENT − TO) PP)
         ((DC：LOCATION) LOC)
         ((DC：TIME) T)
         ((DC：ACTION − AIDER) AA)
         ((DC：INSTRUMENT 〈数字連糸〉) A))
```

(2) 状態

```
      (S ((DC：SUBJECT) PP)
```

```
            ((DC：ATTRIBUTE) PA)
```
あるいは、
```
        (S ((DC：SUBJECT) PP)
           ((DC：ATTRIBUTE) PA)
           ((DC：VALUE) PP))
```
　前者は、あいまいさFZに値をもつ状態表現の場合の構造である。後者は、あいまいさの代りに絶対量で示したり、比較したり、あるいは対象物間の関係を示したりする場合の構造である。

(3) 状態変化
```
        (SC ((DC：SUBJECT) PP)
            ((DC：STATE − INITIAL) PA)
            ((DC：STATE − FINAL) PA))
```

3・3・3　標準論理的概念化構造

(1) n項関係
```
        (R ((DC：RELATION) 〈関係概念の節点〉)
           ((DC：ARGUMENT1) 〈引数概念の節点〉)
                      ・
                      ・
           ((DC：ARGUMENT n) 〈引数概念の節点〉))
```
(2) 関数
```
        (F ((DC：FUNCTION) 〈関数概念の節点〉)
           ((DC：VARIABLE1) 〈変数概念の節点〉)
                      ・
                      ・
           ((DC：VARIABLE n) 〈変数概念の節点〉)
           ((DC：VALUE) 〈関数値概念の節点〉))
```
(3) ラムダ抽象化表現
```
        (L ((DC：ARGUMENT) 〈相対同定子〉)
           ((DC：BODY) 〈概念化構造の代表節点〉))
```
(4) ラムダ抽象化表現を使った現量化表現
```
        (Q ((DC：QUANIFIER) 〈限量化概念の節点〉)
           ((DC：DESIGNATION) 〈指定〉)
           ((DC：BODY) L))
```

ここで、
〈限量化概念〉＝ FORALONE ｜ FORALL ｜ FORSOME
〈指定〉＝〈集合指定〉｜〈個体指定〉
〈集合指定〉＝（MD：set, DC：〈記述子〉）
〈個体指定〉＝（MD：indiv, DC：〈記述子〉, ID：〈同定子〉）

である。また、この限量化表現は、特定の個体に関する述語表現も可能になっている。

以上の概念化構造を ASN 図示法で表現するときは、構造的リンクの矢印を構成要素節点から代表接点へ向けて付ける。

3・3・4 概念化構造の抽象度

複合概念の意味を考えるとき、その抽象度が低いものから高いものへいくつかの段階がある。それは、その複合概念に含まれる構成要素のうち何が不特定要素になっているかに依存する。

(1) 同定子が不特定である場合。不特定な同定子とは相対同定子のことである。同定子がすべて絶対同定子である場合より、一つでも相対同定子が含まれる場合の方が、抽象度の高い知識になる。

(2) 概念化構造の中心的な構成要素である ACT や STATE などが不特定の場合は、抽象度がさらに高くなる。

(3) 概念化構造がまるごと不特定な要素として含まれる場合はさらに抽象度が高い。

3・4 再帰的拡張節点の累積

3・4・1 主張的リンク

(1) 因果関係を表わすリンクとして、次のような弧原子概念を考える。

CS1　行為は状態変化を引き起す。
　　　（A ((DC：RESULT) SC))

CS2　状態が整えば行為を起し得る。
　　　（S ((DC：ENABLE) A))

CS3　状態によって行為を起し得ない。
　　　（S ((MD：n, DC：ENABLE) A))

CS4　状態あるいは行為が精神的な状態を引き起す。

　　　　　((S ｜ A) ((DC：INITIATE) MS))
　　CS5　精神的な状態が行為を引き起す理由となる。
　　　　　(MS ((DC：REASON) A))
(2) 個体や集合の包含関係を表わす主張的リンクとしてISAを使う。
　　　　　(PP ((DC：ISA) PP))
(3) 行為を表わす概念化構造の構造的リンクの一つであるINSTRUMENTは主張的リンクとしての性質も示す。
　　　　　(A ((DC：INSTRUMENT〈数字連糸〉) A))
(4) 関係詞節を表現するためにRELリンクが使われる。
　　　　　(PP ((DC：REL〈数字連糸〉)〈概念化構造〉))
　INSTRUMENTリンクは、2段、3段と幾段にも連鎖することがある。その段数を識別するため〈数字連糸〉が必要である。同様に、関係詞節が、2重、3重にかかる場合を表現するため、RELリンクが幾段か必要になる。その段数を識別するため〈数字連糸〉が必要である。集合の包含関係を表わすISAリンクも連鎖するが、連鎖の各段は識別しない。また、ISAリンクで励起共有設定しておけば、ある個体のある集合への包含関係の検索が容易になる。励起共有設定されるのは構造的リンクのみに限らない。そのほか、状態表現のPAのうち、絶対量で示される場合や対象物間の関係を示す場合のものが、便宜的に、主張的リンクに転用されることがある。たとえば、図3・4・1に示すようにPartという主張的リンクを導入する。

　主張的リンクをASN図示法で表現する方法は、構造的リンクの場合の表記法とそのASN図示法との対応関係に準ずる。たとえば、
　　　　　(A ((DC：RESULT) SC))
という表現のとき、RESULTリンクの矢印は、SCからAへ向けて付ける。

図3・4・1　主張的リンクPart

3・4・2 再帰的拡張節点の形態論的分類

　ASNは、節点・弧ラベル付有向グラフを基底構造とするが、潜在的に、複雑に構造化されている。基底節点が、ある構造認識規則に従っていくつか集められたものを、再帰的拡張節点（R節点）と呼び、原子概念より高次の複合概念を表現するものとする。R節点は相互に重なり合っている。本項では、R節点の形態上の分類とその各類型の意味を示す。

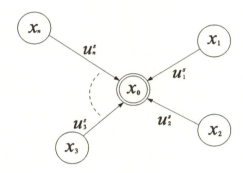

$$\{ x_0 \cup \{x_i\} \mid (x_0, x_i ; u_i^s) \in A,$$
$$u_i^s \in L^S, x_0, x_i \in R \ (i = 1, 2, \cdots, n)\}$$

図3・4・2　順序のない構成要素による構造化

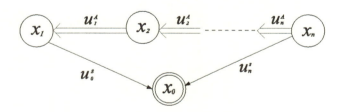

$$\{ x_0 \cup \{x_i\} \mid (x_0, x_1 ; u_0^s), (x_0, x_n ; u_n^s), (x_i, x_{i+1} ; u_i^A) \in A$$
$$u_0^s, u_n^s \in L^S \quad u_i^A \in L^A \ (i = 1, 2, \cdots, n-1) \ x_0, x_i, x_{i+1} \in R \}$$

図3・4・3　順序のある構成要素による構造化

(1) 硬い R 節点
　　（a）　順序のない構成要素によって構造化されるもの。
　図3・4・2にその構造を示す。行為や状態の概念化構造、関係、関数、述語論理の高階操作表現などが、これに属する。
　　（b）　順序のある構成要素によって構造化されたもの。
　図3・4・3にその構造を示す。因果関係の連鎖、台本、計画など事象群の時間的継起を表現するものなどが、これに属する。
(2)　軟らかい R 節点
　ASN においては、集合や fuzzy 集合は、ASN 上散在する励起節点の集合として同定される。
　図3・4・2、3・4・3において、2重マルは代表節点を、1重マルは構成要素節点を表わす。また、2重線矢印は主張的リンクを、1重線矢印は構造的リンクを表わす。そして、それぞれの集合を、L^a、L^s と表わす。2重マル節点は、より高次の構造化要素の構成要素節点になることもある。そのとき、自分より下位の構成要素節点を引き連れて、上位の代表節点と接触を保つ。

第4章　活性化意味ネットワークの賦活動態

　因果関係の展開をテーマに活性化意味ネットワークの賦活動態を例示する。ここでは R. C. Schank の概念依存性理論を参考にしてその概念化構造を再帰的拡張節点とする。そして特定化されない概念化構造を累積することによって活性化意味ネットワークの構成例を得る。具体的には、
Mary kissed John because he hit Bill.
という文章を受け入れた概念記憶主体の内部反応をテーマにする。kiss と hit という2つの動詞に該当する概念化構造の間に考え得る因果関係の連鎖を活性化意味ネットワークに構成しておき、その上で because によって触発される賦活動態を例示する。概念化構造の累積が完全な場合と不完全な場合とでは賦活動態が違ってくる。不完全な場合は、起こり得べき因果関係の展開に成功すると同時に知識の累積をも進める。これは一種の学習過程である。

4・1　諸定義

4・1・1　賦活動態

定義4-1　活性化意味ネットワークの上で、励起領域が活性項の変化を伴い、拡散、集中、転移していく過程を賦活動態と呼ぶ。

4・1・2　励起動態

　賦活動態のうち、励起領域の移動集散のみに注目するとき、それを励起動態と呼ぶ。励起動態については、統一的な見方が与えられていて、次のように定義されている。

定義4-2　ある再帰的拡張節点から他の再帰的拡張節点へと継続して励起状態を受け渡して行き、常時単一の再帰的拡張節点のみ励起状態にあるような過程を、励起動態と呼ぶ。

定義4-3　二つの再帰的拡張節点の間で起る1回の励起状態移送を、基本励起動態と呼ぶ。

　励起動態は基本励起動態の時系列である。基本励起動態は、次に示す二つの分類基準によって、形態論的に分類できる。R1、R2を二つのR節点とし、R1か

らR2へ基本励起動態が起るとする。このとき、
(1) R1やR2が硬いか軟らかいか、
(2) 基本励起動態（R1→R2）が、形態上、拡散、集中、転移のうち、いずれに属するか、

によって分類される。この分類基準によれば、基本励起動態には12通りのカテゴリーが存在することになる。励起動態に関するこのような考察から推測できることは、概念推論というものが、その意味論的な多様性にもかかわらず、ごく少数の形態論的な手続きによって実現できることである。

典型的な励起動態に継行 (carrying on) や連結 (connecting up) がある。継行とは、上記の基本励起動態のうち転移をいくつも継続していくことを意味する。出発点は、基底節点すなわち原子概念であっても、概念化構造であってもよい。しかし、途中は経路上にある概念化構造を同定しながら進む。連結は、M. R. Quillian ［文献2), 6)］や K. Colby ［文献14］や J. R. Fiksel ［文献78］らの一連の研究に一貫して取り扱われてきたテーマである。Quillian は、二つの概念の間の関係を探索してその関係をいくつかの文章で表現するという、シミュレーションプログラムを作成した。Colby は、ある概念とある特定の関係にある概念を探索したり、グラフ構造のマッチングを行なったりする手続きについて考察している。Fiksel は、特定の二つの概念が指定された特定の関係にあるかどうかを確かめる手続きを、状態出力オートマトンのネットワークによるモデルで表現し、また、このモデルが心理学的に蓋然性の高いモデルであると主張した。Fiksel のアルゴリズムは、二つの概念の両側から同時に関係系列を辿っていき、その交差点を探る方法である。以後、これを交差アルゴリズムと呼ぶことにしよう。Quillian が扱ったプロセスを分析すると、二つのプロセスに分けることができる。第一は、基底節点から成る一筋の結合路を見付ける過程、第二は、その結合路を案内として、改めて途中の概念化構造を同定しながら継行を実行する過程である。第二の過程は継行そのままである。第一の過程を称して交差 (crossing) と呼ぶことにする。交差には、励起領域の無作為な展開である自由拡散 (free spreading) と、推論連鎖を選択しながら展開していく選択的展開 (selective expansion) とが考えられる。

4・1・3 意味推論・概念推論

本研究では、概念の記憶を背景にした推論を、意味推論と言ったり、概念推論と言ったりする。後者の方が、前者より、より一般的な概念だとみなしている。前者は、低い水準の言語理解過程に限られた概念推論をいう。

定義4-4　受けた言語情報を理解するために概念の記憶を背景に実行すべき推論を概念推論と呼ぶ。受けた情報を概念記憶の全体を背景に位置づけしたり意味の拡大を実行したりする程度の、低い水準の言語理解過程に限られた概念推論を、意味推論と呼ぶ。したがって、意味推論は、受けた言語情報を概念の表現に変換する過程に関わる推論をとくに示すことになる。意味推論を含み、それに、記憶主体の行為と連合した高い水準の言語理解過程に関わる推論をいうとき、概念推論と呼ぶ。

　概念推論は ASN の賦活動態によって表現される。ASN 賦活動態について数多くの事例研究が蓄積されるべきである。次節でその一例を示す。

4・2　因果関係連鎖の展開

　ASN の構造について ASN モデルで規定しているのは、ごく一般的なレベルにとどまっている。具体的にはさまざまな提案があってよい。ここでは、Schank の概念依存性理論を参考にして、概念化構造を R 節点とする再帰的拡張ネットワークを取り扱った。特定化されない概念化構造を累積して ASN を構成するのである。具体的には、

　　　　　Mary kissed John because he hit Bill.

という文章を受けた概念記憶主体が内部でどのような反応を示すか問題にするので、これに関連する ASN を構成しなければならない。kiss と hit という二つの動詞を表現する概念化構造の間に考え得る因果関係の連鎖を ASN に構成し、その上で、because によって触発される賦活動態を例示したい。また、概念化構造で表現される知識の累積が完全な場合と不完全な場合とは賦活動態が違ってくるので、そのことも考察する。知識の累積が不完全な場合には、当然起るべき因果関係の展開に成功するとともに、知識の累積を完全な方向に進めるような賦活動態が起るべきである。これは、一種の学習過程といえるだろう。

　概念化構造は、われわれの再帰的拡張ネットワークでは、一つの R 節点として表現される。Schank は Conceptual Dependency Diagram［文献21)］を使って表現した。以下、これを CD ダイアグラムと略称する。CD ダイアグラムは、より一般的に、概念表現の統辞規則を表現するために用いられている。また、CD ダイアグラムは、ASN の賦活動態を表現することこそできないが、概念化構造を視覚的に捉えるにはきわめて便利な表現法である。したがって、本研究では、ASN の構造認識された部分ネットワークを表現するのに、CD ダイアグラムを採用した。

4・3 概念化構造の累積

　R節点は相互に重なり合っている。本節で、R. C. Schank や C. Rieger がよく使った因果関係の連鎖（causal chain）を例題にして、そのことを説明する。人間や物理的対象が相対同定子を持てば、絶対同定子を持つ場合より一般化された知識になる。同定子は概念素項の一種である。これは、特定の個体を同定するために使われる名札を格納する項であり、絶対同定子と相対同定子との二つを使い分ける。前者は、現実の外的世界に実在する特定の個体（これを定実体と呼ぶ）を指示する。後者は、現実の外的世界に実在する特定の個体を指示するのでなく、内的世界においてのみ意味のある個体を指示する。相対同定子は、さらに、同一の普遍的概念を具現する外的世界の不特定な個体群から特定の一つが選択されることを想定してその個体（これを不定実体と呼ぶ）を指示する場合と、他の定実体や不定実体と関係を結びその特定化がそれら他の実体が特定化された結果に依存する個体（これを変数的実体と呼ぶ）を指示する場合とがある。つまり、相対同定子は、知識の中で個体間の同一視や相互識別のための道具になっている。

　CDダイアグラムによって概念を表現した例を図4・3・1〜図4・3・6に示す。それぞれが表現する意味内容は、図の説明文に記す。図4・3・4の場合は hit の解釈の違いによって二通りのCDダイアグラムが与えられている。（a）の方は PROPEL する対象を HAND としている。しかし、手になにか持っていれば、それを PROPEL するはずである。そのとき（a）の代りに（b）で表現される。

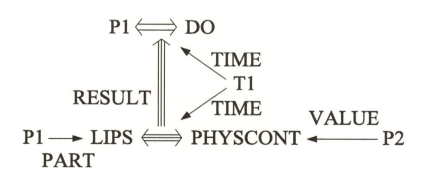

図4・3・1　P1 kiss P2.

第 4 章　活性化意味ネットワークの賦活動態

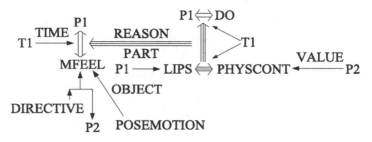

図 4・3・2　P1 kiss P2 possibly because P1 like P2.

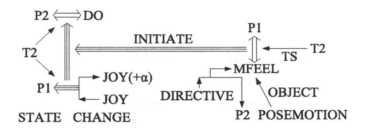

図 4・3・3　P1 start feeling a positive emotion toward P2 because P2 make P1 feel joyfull.

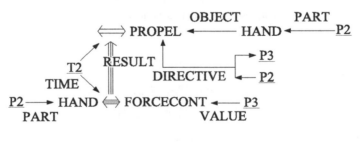

(a)

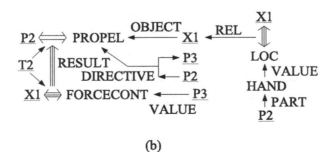

(b)

図 4・3・4　P2 hit P3.

〈意味〉の結合科学

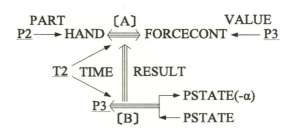

図 4・3・5　P3 receive an injury because P2's hand come into forceful contact with P3.

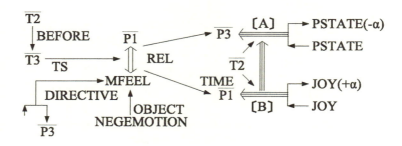

図 4・3・6　When P1 feel a negative emotion toward P3, P1 might be belighted if P3 would receive an injury.

　個々の CD ダイアグラムは、概念化構造を二三含み、それだけで独立した知識を表現している。それぞれにおいて、節点原子概念が P1 や T1 のような相対同定子を持っているが、これらが絶対同定子を獲得することを「特定化される」という。また、個々の CD ダイアグラムは知識のテンプレートになっている。そこに含まれる相対同定子は、その知識の一般性のレベルで、その知識の意味の不変性を維持するよう働き、かつ、同定子同士の間は、相互に識別すべきものは識別され、同一視すべきものは同一になっている。相対同定子は、相互に同一のものか、識別されるべきものかを区別すれば役目をはたすのであるから、個々の知識の意味に変化を生じない限り、どうにでも変更可能である。相対同定子の変更は、知識同士が連合するときに起る。たとえば、CD ダイアグラム図 4・3・1 と図 4・3・2 とに注目してみよう。図 4・3・2 の P1 や P2 は必ずしも P1 や P2 である必要はなかったが、図 4・3・1 の P1 や P2 と同じ相対同定子を採用したおかげで、図 4・3・1 と重なる部分がでてきた。すなわち、図 4・3・1 と図 4・3・2 とは相互に独立した知識であって、はじめから結合するものとはみなされてはい

— 62 —

なかったはずだが、共通の相対同定子を与えることによって両知識の連合が起り、それなりに、まとまりを持った知識になっている。上記のCDダイアグラム群において、たとえば、

　　　　　P2、$\overline{P2}$、$\underline{P2}$

などのように、同じ添数を持つ（ただし下線や上線で区別されている）相対同定子を同一のものとみなせば、上記のすべてのCDダイアグラムが一つのテンプレートに累積される。

　　　　1 ⟷ 2 ⟷ 3 ⟷ 6 ⟷ 5 ⟷ 4（a）
　　　　　　　　　　　　↕
　　　　　　　　　　　4（b）

ここで、「図4・3・　」は省略しそのあとの番号のみを使った。また、両方向矢印は、相互に重なり合う部分のあることを示す。これをCDダイアグラムで図示すれば図4・3・7のようになる。ただし、図4・3・1と図4・3・2との重なり合いのところでTS（time starting）リンクにより、

　　　　　T2 (is) before T1.

という条件があらたに付加された。一方、もし、P2、$\underline{P2}$、$\overline{P2}$の三つの相対同定子が相互に重なり、また、別個にP1やP3についても同様に考えるならば、

　　　　1 ⟷ 2 ⟷ 3、6、5 ⟷ 4（a）
　　　　　　　　　　↕
　　　　　　　　　4（b）

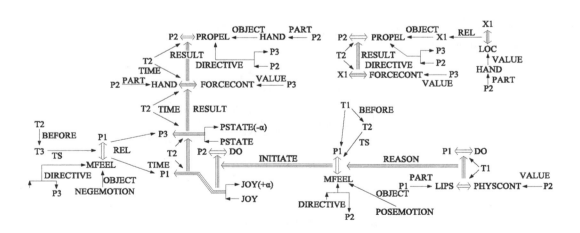

図4・3・7　概念化構造の累積（1）

と三つの別々のテンプレートに累積されるにとどまる。これをCDダイアグラムで図示すれば、図4・3・8のようになる。この場合は図4・3・7の場合に比べ知識の累積が不完全である。一般に、個々の知識の内部同一性を維持しながらそれらを累積していけば、より大きな知識の枠組みが構成される。後述するように、因果関係の連鎖においては、概念推論を実行することによって知識の累積が起る。

ここで、ASNの表現法について注意しておかなければならない。3・2・3項で注意したように、同じ累積項を二つ以上の異なる節点に使ってはいけない。と

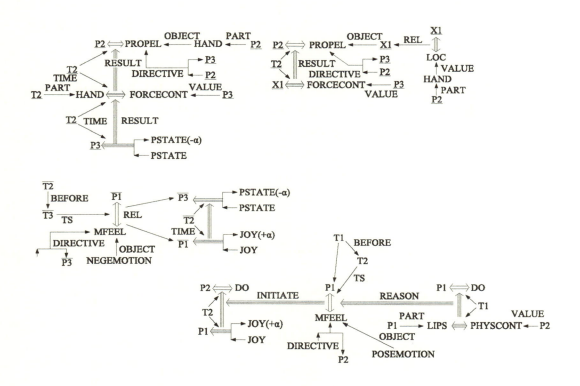

図4・3・8　概念化構造の累積（2）

ころが、図4・3・7や図4・3・8の表現にはこの原則が適用されていない。しかしこれは、表現されている内容の理解を容易にするため、便宜的に一種の展開図を用い、本来一つであるべき節点を重複して描いたためである。したがってこれからも、意味ネットワークの図に同じ蓄積項を共有する節点が出てきたらそれらは重なり合って本来一つの節点だと心得てほしい。また、次節以下の賦活動態の説明に際してCDダイアグラムの上で原子概念の活性項や蓄積項を表現するとき、

〈蓄積項〉（〈活性項〉）

のように、活性項の方を括弧で括って区別する。活性項を伴う記述はASNの賦活領域に含まれることは言うまでもない。

4・4　因果関係連鎖における賦活動態

次の文章が入力されたとする。

Mary kissed John because he hit Bill.

この文章は主節と従属節とから成り、その間が because という接続詞で結ばれている。構文論から見て、because が二つの節を結合していることを確認できたとしても、それだけでは、二つの節が表現する意味内容の間にどんな関係があるかについて聞き手の理解を全うしない。因果関係を表現するはずの because の意味が理解されるには、記憶されている知識に照らして二つの節の間の因果関係が確認されなければならない。そのために、まず、この文を構成する二つの節が、それぞれ、それだけで表現している意味内容をASNの上に照会し、続いて、《because》に触発されて因果関係の連鎖を辿り、二つの節に該当する部分ネットワークの間を連結するという一連の手続きが生起しなければならない。これを因果関係連鎖の展開（causal chain expansion）と呼ぶ。以下、これをCCEと略記する。また、以下の記述において括弧《……》が現われたら、それはASNの賦活動態を触発する因子であることを示す。

まず、主節に対して、

[1] 励起（excitation）

《kissed》によって語彙情報記憶が参照されASNのうち図4・3・1に示される部分が励起される。

[2] 特定化（specification）

図4・3・1に示された部分の特定化が行われる。

P1 → P1（MARY1）、P2 → P2（JOHN1）

その結果、図4・4・1のようになる。図4・4・1において（*U*）は特定化に失敗したことを示している。ここで次の手続きに移行する前に、図4・4・1に示された部分全体に励起痕跡 #1 を残し、そのあと、励起状態を解消する。

続いて、従属節に対し主節の場合と同じ手続きを踏む。

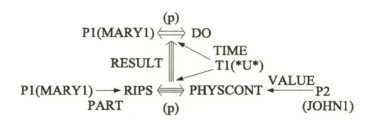

図4・4・1　Mary kissed John.

[3] 励起

《hit》によって 4(a) ←→ 4(b) の部分が励起される。

[4] 特定化

引き続きこの部分の特定化が行われる。入力文からもたらされた情報から、

$$P2 \rightarrow P2 \ (^*HE^*),\ P3 \rightarrow P3 \ (BILL1),\ X1 \rightarrow X1 \ (^*U^*)$$

となる。ここで（*HE*）は代名詞 he からきたもので、これも特定化に失敗したものとして扱われる。

[5] 代名詞の同定 (indentification)

P2 の活性項（*HE*）は、すでに内部化されている情報すなわち概念記憶主体の知識から、その絶対同定子が同定可能なことを意味している。この場合は過去の最も近い時点に賦活された男性に同定される。この過程の触発因子は（*HE*）である。この場合のように ASN の上で認識された触発因子を、内部触発因子と呼ぶ。さて、ここの例では図4・4・1から、

$$P2\ (^*U^*) \rightarrow P2\ (JOHN1)$$

となる。ただしここで、JOHN1 が男性であるという情報は別のところに記憶されているものとし、上記の結果は、それを参照した結果である。

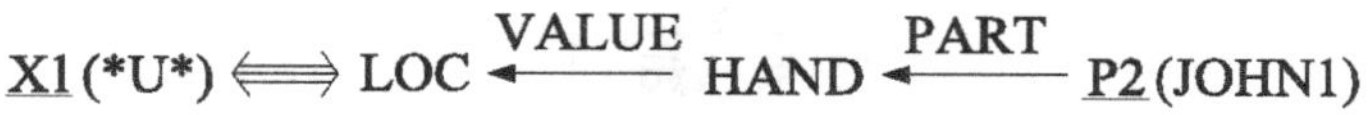

X1 (*U*)
LOC
VALUE
HAND
PART
P2 (JOHN1)

図４・４・２　X1 be in John's hand.

(p)〔A〕
P2 (JOHN1)
PROPEL
OBJECT
HAND
TIME
P3 (BILL1)
PART
T2(*U*)
RESULT
DIRECTIVE
P2 (JOHN1)
P2 (JOHN1)
P2 (JOHN1)
HAND
FORCECONT
P3 (JOHN1)
PART
(p)〔B〕
VALUE

図４・４・３　John hit Bill.

［6］関係詞リンク（Relative link）による同定

X1 (*U*)は入力情報による特定化に失敗しているが、関係詞リンクを従えていることが認識されると、すでに内部化されている情報を使った同定の手続きがとられる。さてここの例では、図４・４・２に示される概念化構造（以下 CON と略記する）がつながっている。これを使って ASN 全体に照合し、該当する X1 の絶対同定子を探索する。もし探索に失敗すれば、図４・４・２に示された部分を活性でない状態に戻す（deactivation)。その結果、図 4･3･4 (b) の部分は、賦活領域から消え去る。この時点では、図４・４・３に示される部分が励起状態である。ここで、図４・４・３に示された部分全体に励起痕跡 #2 を残し、励起状態を解消する。

手続きの一般性から、主節に対しても［5］や［6］の同定の過程があって当然であるが、ここの例では主節に対して［5］や［6］を触発する因子が認められず手続きが実行されなかったのである。特定化の手続きをまとめると図４･４･４のようになる。

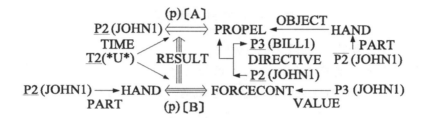

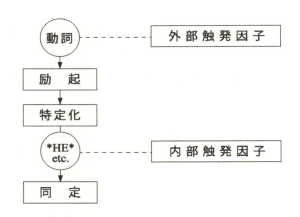

図4・4・4　特定化の賦活動態

[7] 因果関係連鎖の展開、1回目（first cycle）

　二つの節の概念が賦活されたのち、保留にされていた《because》が復帰しCCEを触発する。主節の意味内容に該当し賦活されているCDダイアグラム図4・4・1から原因の推論（causative inference）が、一方、従属節の意味内容に該当する図4・4・3からは、結果の推論（resultative inference）が、交互に、1サイクルずつ実行され両者の交差点をさがす。1サイクルの推論とは、CAUSE

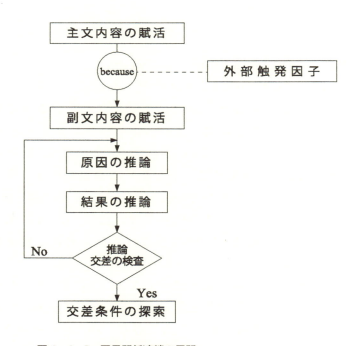

図4・4・5　因果関係連鎖の展開

第4章 活性化意味ネットワークの賦活動態

リンクを1回経過する展開（expansion）を意味する。CAUSE リンクとは、CD ダイアグラム中、単純な3本線矢印で示されているリンクのすべてを意味する。また、展開は、時を同じくして複数の CAUSE リンクに向けて並列に実行される。因果関係連鎖展開の手続きを図4・4・5に示す。

[7-1] 原因の推論、1回目

　(1) 励起痕跡 #1 を励起状態に戻し励起された図4・4・1を得て、図4・4・1全体の代表節点にシンボリック特定化項（m11）を記入する。このことを原因の推論のマーキング（marking）と呼ぶ。（ただし、代表節点は再帰的拡張ネットワーク記法に現れるもので、CD ダイアグラムでは陽に現われないことに注意されたい。）

　(2) CAUSE リンクの矢印の方向に沿って励起状態を移送し、励起された新しい CON を得る（excitation transfer）。

　(3) その CON が図4・4・1と同じ TIME リンクを持っているならば、図4・4・1からその CON へ、時制を表わす特定化項（ここでは過去の時制 p）を移植する。
　これまでの結果、図4・4・6に示される部分が励起状態になっている。

　(4) 図4・4・6に示された部分に励起痕跡 #1 を残し、励起状態を解消する。

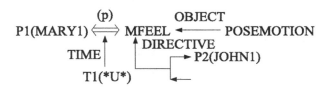

図4・4・6　Mary liked John.

[7-2] 結果の推論、1回目

　(1) 励起痕跡 #2 を励起状態に戻し励起された図4・4・3を得て、図4・4・3全体の代表節点にシンボリック特定化項（m21）を記入する。このことを結果の推論のマーキングと呼ぶ。

　(2) CAUSE リンクの矢印の逆方向に沿って励起状態を移送し、励起された新しい CON を得る。ここの例では、図4・4・3の [B] から図4・3・5の [B] へ励起状態が移送され、かつ、図4・4・3の [A] から同じく図4・4・3の [B] へ移送される。その結果、図4・4・3の [B] と図4・3・5の [B] とが励起状態になっている。

　(3) 図4・3・5の [A] と [B] とが同じ TIME リンクを持っているので、[A] から [B] へ時制の特定化項 p を移植する。

〈意味〉の結合科学

ここで、一つの CAUSE リンクをはさんで、原因を表わす前件を ［A］、結果を表わす後件を ［B］ と記して示している。この指示法は一般的な記法として以後も使用する。

これまでの結果、図4・3・5に示された部分が賦活されて図4・4・7のようになり、かつ、励起状態になっている。

(4) 図4・4・7に示された部分に励起痕跡 #2 を残し、励起状態を解消する。

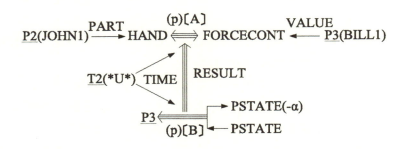

図4・4・7　Bill received an injury because John's hand came into forceful contact with Bill.

[7-3] 推論交差 (inferential intersection) の検査

励起痕跡 #1 と #2 との両方を持つ CON が存在するかどうか調べる。存在しなければ2回目の展開に入り、存在すれば CCE が終る。ここの例ではまだ存在しない。

[8] 因果関係連鎖の展開、2回目

2回目の原因の推論は、励起痕跡 #1 を励起状態に戻し励起された図4・4・6を得てマーキング (m12) を行なうことから始まる。結果は図4・4・8に示される部分に励起痕跡 #1 を残して終る。図4・4・8に現われた、

　　　　T2 → T2(T1)

は図4・4・6にも適用される。

2回目の結果の推論は、励起痕跡 #2 を励起状態に戻し励起された図4・4・7を得てマーキング (m22) を行なうことから始まる。結果は図4・4・9へ励起痕跡 #2 を残して終る。

引き続き、推論交差の検査に入る。この時点で確かに交差が生じている。図4・4・8と図4・4・9とにおいて、図4・4・10に示された部分が #1 と #2 との両方の励起痕跡を残している。これで CCE のサイクルを停止する。

— 70 —

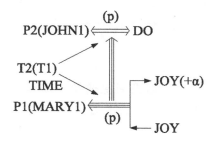

図4・4・8　John made Mary feel joyfull.

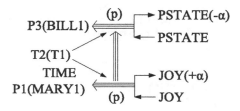

図4・4・9　Mary was delighted because Bill received an injury.

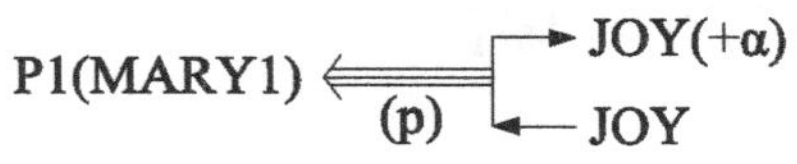

図4・4・10　Mary was delighted.

[9] CCEの後始末

(1) 励起痕跡 #1 を励起状態に戻し、励起された図4・4・8を得て、マーキング (m13) を行う。

(2) 励起痕跡 #2 を励起状態に戻し、励起された図4・4・9を得て、マーキング (m23) を行う。

これで因果関係の一つの連鎖が確認された。マークの系列、

m11、m12、m13、m23、m22、m21

〈意味〉の結合科学

をその順序に従ってたどれば、賦活された CON の連鎖、
$$1 \longleftrightarrow 6 \longleftrightarrow 8 \longleftrightarrow 9 \longleftrightarrow 7 \longleftrightarrow 3$$
を得る。

[10] 因果関係が連鎖する条件

マークの系列を使い、連結した因果関係連鎖を励起して、Relative リンクの矢印の逆方向に励起状態の移送を行う。ここの例では、図4・3・6の Relative リンクのみがこれに該当する。このあと、代表節点の活性項を移植して、結局、図4・4・11に示される CON が励起状態になる。これが、連結が成立するための条件を与える。これにも別のマーキングを行う。

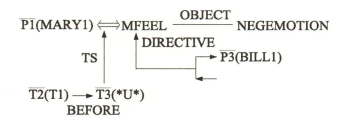

図4・4・11　Mary had been feeling a negative emotion toward Bill.

4・5　知識の累積が不完全な場合

図4・3・8のように知識の累積が不完全な場合、これまで見てきた手続きでは、同じ CCE を実現できない。この場合に必要な手続きは、同じ CCE を実現すると同時に、この範囲の知識の累積を完成して後に残し得る手続きである。たとえば、図4・3・3と図4・3・6とにおいて$\overline{P1}$と P1 とが同一でないとき、図4・4・8に示された部分まで展開してきた連鎖と図4・4・9に示された部分まで展開してきたもう一つの連鎖とが、交差しない。こんな場合に対処するため、原因や結果の推論の手続きを図4・5・1のように拡張する。図4・5・1には原因の推論の手続きのみを記した。図4・5・1の中の文章を次のように書き換えると、そのまま、結果の推論の手続きになる。

　　　　#1 → #2
　　　　m1i → m2i
　　　　矢印の方向→矢印の逆方向

第4章 活性化意味ネットワークの賦活動態

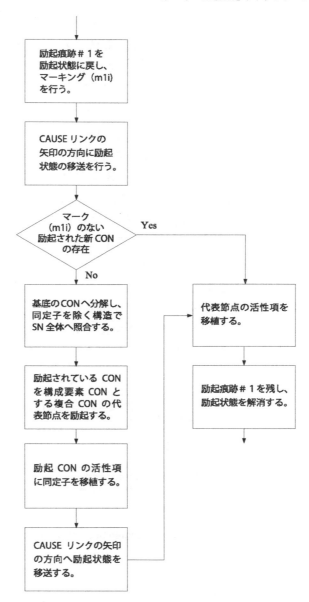

図4・5・1 原因の推論の手続き

図中の判断ボックスは、推論を進める前に、知識の累積が続いているかどうか判定している。判断ボックスに続く NO の分岐が、拡張された部分である。すなわち、展開の途中、直接つながる知識がなければ、同定子を除く構造を使って ASN 全体に照合して同じ構造の CON をさがす。さがしてあったときは、特定化項を移植して知識の間の橋渡しをする。

〈意味〉の結合科学

さて、簡単のため、$\overline{P1} \neq MARY1$ で、かつ、P1 と $\overline{P1}$ とのみが異なるとし、図4・3・8における他の不連続部分はすべて累積されているものとする。この状況の下では、前節の展開手続きを踏んでもまだ交差しないので、もう1回、原因と結果の推論（拡張されたあとの手続き）を経て、その結果、図4・3・6と図4・3・3の部分が賦活され、それぞれ、図4・5・2、図4・5・3となる。

続いて、推論交差の検査を行うと、図4・5・2の［A］と図4・5・3の［C］とが共に、原因と結果の両方向の推論のマークを持っていることが分る。ここで注目すべきは、図4・5・2や図4・5・3における同定子が、

$$\overline{P1}(P1, MARY1),\ P1(\overline{P1}, MARY1),\ \overline{T2}(T1),\ T2(T2, T1)$$

などとなっていることである。これを、相対同定子の相互乗り入れの現象と呼ぶ。これは、$\overline{P1}$ と P1、$\overline{T2}$ と T2 と T1 とが同一視されるべきことを示している。ここで、活性項を蓄積項に書き移すと、新しい知識を獲得したことになる。このことを、LTM－定着という。一般的に言って、賦活動態においては、すでに蓄積項に蓄えられているものと異なる相対同定子が活性項に付加されることがある。この、いわゆる、相対同定子の相互乗り入れ現象によって、推論の実行と同時に、知識の累積が進行するのである。

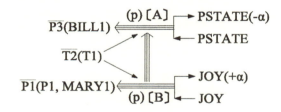

図4・5・2　Mary was delighted because Bill received an injury.

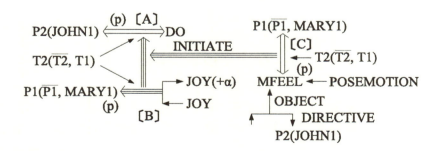

図4・5・3　Mary started feeling a positive emotion toward John because he made her feel joyfull.

第5章　概念推論の分類とその形態論的検討

　活性化意味ネットワークモデルは、概念の推論を活性化意味ネットワークの賦活動態として実現する。このような捉え方を便宜的に形態論的と言う。R. C. Schank らはその提案になる概念依存性理論に基づいて、自然言語の文章を入力し言い換え（paraphrase）や概念表現による推論などを行なう MARGIE システムを開発した。このシステムが実行する情報処理は次の3つの部分に分けられる。
　1) 文章を概念表現に変換する。
　2) その概念表現を記憶しかつその概念表現で推論を行う。
　3) 概念表現を文章に変換する。
　それぞれのプログラム開発担当者は順に C. k. Riesbeck, C. J. Rieger, N. M. Goldman である。このうち Rieger の研究は概念の推論に関する傑出したデータを提供する。本章は Rieger による概念推論に関する膨大な分析結果を形態論的な観点から再検討し、活性化意味ネットワークの賦活動態を構成する要素的な手続きを抽出する。

5・1　Rieger の概念推論

　C. J. Rieger によれば概念推論に16通りのカテゴリーがあると言う。本節では Rieger によって与えられた各範例を取り上げ、その推論過程に関して ASN モデルによる解釈によって、分析を試みる。各範例は、入力された文章と推論結果の文章との対で、示される。そして、後者を大文字で記し区別する。

(1) 特定化推論　spacification inference
　　　　　John and Bill were alone on a desert island.
　　　　　Bill was tapped on the shouder.
　　　　　JOHN TAPPED BILL.
　John と Bill との二人しかいない状況で、Bill が肩を叩かれたのであれば、叩いた方の人間は John 以外にはいない。この場合、2番目の入力文の内容に該当する部分が励起、特定化、同定される過程がある。1番目の文章がすでに内部化されて知識となっているものを使い、ACTOR JOHN が同定される。

(2) 原因究明推論　causative inference
　　　　　John hit Mary with a rock.
　　　　　JOHN WAS PROBABLY MAD AT MARY.
　入力文の内容と推論結果とに該当する二つの概念化構造は因果関係の連鎖で繋がっている。CAUSE リンクの矢印の方向に励起状態の移送が起り、原因の推論が行われた。

(3) 結果探知推論　resultative inference
　　　　　Mary gave John a car.
　　　　　JOHN HAS THE CAR.
　入力文の内容と推論結果とに該当する二つの概念化構造は因果関係の連鎖で繋がっている。CAUSE リンクの矢印の逆方向に励起状態の移送が起り、結果の推論が行われた。

(4) 動機究明推論　motivational inference
　　　　　John hit Mary.
　　　　　JOHN PROBABLY WANTED MARY TO BE HURT.
　入力文に表された行為に対して、何故、と問うたときに起る賦活動態をWHYACT と呼ぶ。WHYACT には結果の推論が含まれる。ここの例では、John が Mary を殴った結果、Mary が傷ついたが、John はそれを意図して殴ったのだと推論された。

(5) 可能化条件推論　enablement inference
　　　　　Pete went to Europe.
　　　　　WHERE DID HE GET THE MONEY ?
「欧州旅行ができるのはお金を所有していればこそである。」ここに、二つの概念化構造が含まれており、かつ、その間は ENABLE リンクで繋がれている。また、「お金を獲得したから、それを所有していた」のである。ここには、RESULT リンクが含まれている。この推論の場合、上記の2種の CAUSE リンクが、等しく、矢印の方向に辿られている。すなわち、形態論的には原因究明推論と全く同じ賦活動態である。例文では推論結果が疑問文になっている。これは、「金銭を獲得する」ことに該当する概念化構造が賦活されたあとで、その中の不特定要素である獲得手段の選択を求めて、外部へ向けて質問文を作り出す手続きを起動した結果である。

(6) 機能照会推論　function inference
　　　　John wants the book.
　　　　JOHN PROBABLY WANTS TO READ IT.
　欲求を表わす要素的行為（primitive action）WANT が賦活されると、その欲求の理由を問う賦活動態が触発される。このような賦活動態を WHYWANT と呼ぶ。欲求の対象が物理的対象であれば、その対象の通常の機能に関する知識を照会することによって答が得られる。この例文の場合は、書籍の通常の機能を表現する概念化構造が参照された。

(7) 可能性予測推論　enablement-prediction inference
　　　　Dick looked in his cook book to find out how to make a roux.
　　　　DICK WILL NOW BEGIN TO MAKE A ROUX.
「ルーの作り方を本から読み取ると、その知識を持つようになる。」「ルーの作り方を知っていることが、ルーを料理できる条件である。」これらの知識のところでは、RESULT リンクと ENABLE リンクとの二つの CAUSE リンクが繋がっている。この推論の場合、この二つの CAUSE リンクを、等しく、矢印の逆方向に辿っている。すなわち、形態論的には、結果探知推論と同じ賦活動態である。

(8) 不可能化条件推論　missing-enablement inference
　　　　Mary couldn't see the horses finish.
　　　　She cursed the man in front of her.
　　　　THE MAN BLOCKED HER VISION.
「目の前に物理的対象が存在すれば、視界を遮られて見ることができない」という知識があるとする。この知識のところでは、後件を不可能にする条件を示すための、否定された ENABLE リンクが存在し、前件と繋いでいる。第2入力文によって、Mary の目の前に一人の男性がいる事実が与えられているから、目の前に存在し視界を遮るものを同定できる。この範例に限らず、すべてのカテゴリーにわたって、特定化推論がかならず実行される。入力文を内部化するのに不可欠な過程である。
　このカテゴリーの主題である否定の ENABLE リンクについて、もう少し詳しく述べよう。図5・1・1においては、リンクラベルの否定の調整子を"/"で示している。ここで、CON2 が肯定的に賦活され、否定の ENABLE リンクを経由して励起状態を CON1 へ移送すると、CON1 は否定的に賦活される。すなわち、CON2 が実現しているから、それを不可能にするような条件 CON1 は否定され

る。一方、CON2 が否定的に賦活され、否定の ENABLE リンクを経由して励起状態を CON1 へ移送すると、CON1 は肯定的に賦活される。ここの例は後者の場合である。CON1 を「目の前に物理的対象が存在して視界を遮られる」こととし、CON2 を「見える」こととすれば、CON2 を不可能にした CON1 を推論したことになる。励起状態の移送は ENABLE リンクの矢印の方向に行われ、形態論的には原因究明推論と同じ賦活動態である。この範例の場合、以上の考察から外れた概念推論が起っている。見たいと思っていたのに視界を遮られたのであるが、目の前のものが人物であれば、その人物が憎くなって罵る。このような意味の拡大が起っている。

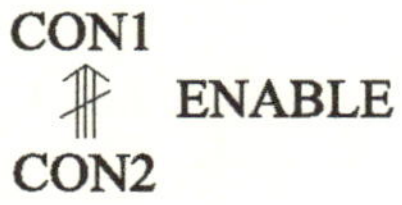

```
       CON1
        ⫫    ENABLE
       CON2
```

図 5・1・1　否定の ENABLE リンク

(9) 妨害推論　intervention inference

　　　The baby ran into the street.
　　　Mary ran after him.
　　　MARY WANTS TO PREVENT THE BABY FROM GETTING
　　　HURT.

「走っている人物を捕えたいと思うと追いかける。」この知識のところに、REASON リンクで結ばれた二つの概念化構造がある。「赤ん坊が路面に行くと傷つくおそれがある。」この知識のところでは、RESULT リンクで結ばれた二つの概念化構造がある。これらの知識によって、1 番目の入力文の内容から RESULT リンクの矢印の逆方向に励起状態の移送が起り、赤ん坊が傷つくことが推論される。また、2 番目の入力文の内容から REASON リンクの矢印の方向に励起状態が移送され、Mary が赤ん坊を捕えたいと欲したことが推論される。「赤ん坊を捕えると赤ん坊が走ることを妨げ、したがって、赤ん坊が傷つくことを防ぐことができる。」ここには、「ある人物を捕えると、その人物が行くことあるいは走ることを妨げる」という知識があり、上述した「赤ん坊が路面に行くと傷つく」という知識に合さっている。ここに COUSE リンクを経由して起る「妨げの伝播」という賦活動態が生起する。「妨げ」(PREVENT) を否定的な RESULT リンクで表現すると、この範例における知識の構造は図 5・1・2 のよ

うになる。ただし、CON1、CON2、CON3はそれぞれ次のような内容の概念化構造だとする。

　　　CON1：P1がP2を捕える。
　　　CON2：P2（赤ん坊）が（路面）へ行く。
　　　CON3：P2（赤ん坊）が傷つく。

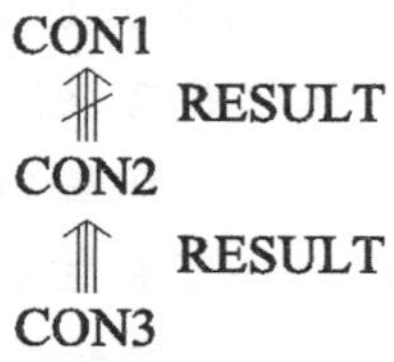

```
    CON1
      ⇑ RESULT
    CON2
      ⇑ RESULT
    CON3
```

図5・1・2　否定のRESULTリンク

　図5・1・2においてCON1が肯定的に賦活されると、否定のRESULTリンクを経由して励起状態が移送され、CON2は否定的に賦活される。この否定の賦活は次の肯定のRESULTリンクを経由してそのままCON3へ移植される。1番目の入力文のみではCON2とCON3とがいったん肯定的に賦活されるが、2番目の文章が入力されるに及んで、上述したように、P1（MARY1）がCON1をWANTしたことが推論されると、触発因子WANTによって賦活動態WHYWANTが触発される。その結果、図5・1・3が賦活され、CON2とCON3とが改めて否定的に賦活される。WHYWANTに含まれる結果探知推論が、上記の「妨げの伝播」を実行する。

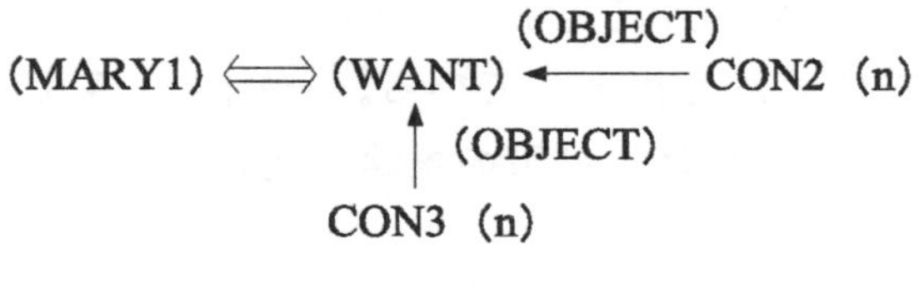

```
                          (OBJECT)
   (MARY1) ⟺ (WANT) ←――― CON2 (n)
                ↑ (OBJECT)
              CON3 (n)
```

図5・1・3　MaryはCON2やCON3の否定を望む。

(10) 行為予測推論　action-prediction inference
　　　　　John wanted some nails.
　　　　　HE WENT TO THE HARDWARE STORE.
　この例の場合、「欲しいものがあると、それを購入する行為のREASONとなる」ことや「購入する行為は、店舗へ出掛ける行為をINSTRUMENTとする」ことなどの知識を必要とする。他に、特定の品物と特定の店舗との関係が別の知識として記憶されているものとする。すなわち、「釘はあの店舗にある。」このとき、まず入力文によって、「Johnが釘を欲した」ことが賦活され、引き続いて、INSTRUMENTリンクによって励起共有設定されたのち、REASONリンクの矢印の逆方向へ励起状態が移送される。店舗の同定は「釘はあの店舗にある」という知識を使って行う。この例においても生じているが結果探知推論は、意味の拡大（semantic expansion）においても最も制約のない場合に起り易い賦活動態の一つである。

(11) 知識伝達推論　knowledge-propagation　inference
　　　　　Pete told Bill that Mary hit John with a bat.
　　　　　BILL KNEW THAT JOHN HAD BEEN HURT.
　tell～thatという複文に対する賦活の手続きは次の通りである。すなわち、主文と副文とのそれぞれの内容に該当する部分を賦活し、前者に含まれている不特定なCONを後者と同定する。その後、主文と副文のそれぞれの内容から結果の推論が実行される。この範例に示された推論が生起するのに必要な知識は、「P1がP2にCON1を語ることは、P2がCON1を知っていることをINITIATEする」ことや、「P3がP4を殴ることのRESULTは、P4が傷つく」ことなどである。あとの文章の前件はCON1に相当する。その後件をCON2とおく。この範例のような推論が成立するには、図5・1・4と図5・1・5とが成立するとき図5・1・6が成立するということが、暗黙の了解事項になっている。すなわち図5・1・4は記憶主体の知識に過ぎないが、それにもかかわらず、P2もその知識を持つと想定している。P2がCON1を知っている限り、CO1の必然的結果であるCON2も知っているはずだと推測している。一般に、WANTやMLOCのような精神的な要素的行為や状態は、結果の推論の連鎖に沿って伝播される。

　　　　図5・1・4　CON1の結果、CON2を生ずる。

第5章　概念推論の分類とその形態論的検討

$$\text{CON1} \Longleftrightarrow \text{MLOC(LTM(P2))}$$

図5・1・5　P2はCON1を知っている。

$$\text{CON2} \Longleftrightarrow \text{MLOC(LTM(P2))}$$

図5・1・6　P2はCON2を知っている。

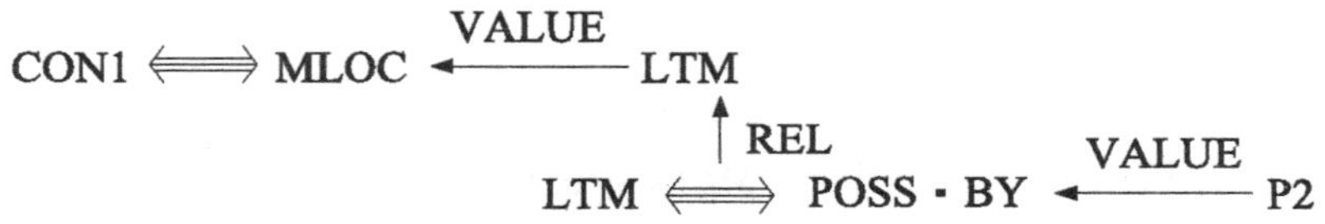

$$\text{CON1} \Longleftrightarrow \text{MLOC} \xleftarrow{\text{VALUE}} \text{LTM}$$
$$\uparrow \text{REL}$$
$$\text{LTM} \Longleftrightarrow \text{POSS・BY} \xleftarrow{\text{VALUE}} \text{P2}$$

図5・1・7　「P2はCON1を知っている」の詳細な表現

　ここで、「P2はCON1を知っている」を図5・1・5のようなCDダイアグラムで表現している。ただし、これは便宜的に導入された略記法であって、詳細には、図5・1・7のように表現される。

(12) 規範照会推論　normative inference

　　　　John saw Mary at the beach Tuesday morning.
　　　　WHY WASN'T SHE AT WORK ?

　この範例の場合、制約のない意味の拡大から始まる。ここでは説明の便宜のため、原因の推論方向への意味の拡大のみを追跡してみよう。必要な知識は、「P2が、いつ、どこそこに居たことは、P1がP2を、そのとき、そこで見掛けることをENABLEにする」ことや、「P2がそこに居たのは、P2がそこへ出掛けたRESULTである」ことなどである。入力文の内容から原因の推論を行えば、二つのCAUSEリンクの矢印の方向へ励起状態が移送され、「Maryは、火曜日の朝、海岸へ出掛けた」ことが推論される。このあと、賦活動態WHYACTが触発される。「海岸」や「火曜日」などの概念は、それらに付帯する規範的な知識

を想起させる因子である。また規範的知識を照会して「何故」という疑問に答えようとする賦活動態は、WHYACTの一つの形態である。「海岸」は一つの台本（script）を触発する。休日（仕事をしない日）に海水浴に出掛け、泳いだり、日光浴をしたりなど一連の情景を想起させる。一方、「火曜日」は「週日であり、仕事をする日である」という規範的知識を与える。これらの知識が照会されてWHYACTが進行していくのであるが、その途中で、「海岸」の規範的知識から「Maryは火曜日仕事をしない」という否定の賦活が生じて、「火曜日」の規範的知識から推論された「Maryは火曜日仕事をする」と矛盾する。たとえば、否定の賦活の存在が論理的矛盾の評価過程を触発するようにすれば、このような矛盾が検出可能になる。ここの例では、このあと、この矛盾の解消を外部に求めて、記憶主体の知識体系に照らして都合が悪い「Maryが火曜日仕事をしない」理由を問う手続きが起動され、上記の推論結果の文章が出力された形になっている。WHYACTは評価過程の割り込みによって中断されている。

(13) 状態継続時間照会推論　state-duration inference
　　　　　John handed a book to Mary yesterday.
　　　　　Is Mary still holding it ?
　　　　　PROBABLY NOT.
　この推論は、2番目の入力文が質問文であることから、記憶主体がその質問に答えようとして起した賦活動態である。「昨日」に関する規範的知識から「一夜を経過すれば大抵の行為は中断する」という知識が照会される。この例の場合は、質問文の内容から時間的知識への照会が選択的に行われた。

(14) 特徴照会推論　feature inference
　　　　　Andy's diaper is wet.
　　　　　ANDY IS PROBABLY A BABY.
　「おしめは、通常、赤ん坊が着用するものだ」という規範的知識が照会される。入力情報の「Andyの（着用している）おしめが濡れている」と規範的知識の「赤ん坊がおしめを着用する」とが、お互いに、概念化構造の部分を共有し、そこで、Andy（絶対同定子）と赤ん坊の相対同定子との相互乗り入れが行われた。

(15) 状況照会推論　situation inference
　　　　　Mary is going to a masquerade.
　　　　　SHE WILL PROBABLY WEAR A COSTUME.
　「仮装舞踏会（masquerade）」は一つの台本を想起させる。その知識を特定化

して、Maryを中心とする舞踏会の情景が想像される。

(16) 発話意図推論　utterance-intent inference
Mary couldn't jump the fence.
WHY DID SHE WANT TO ?

　助動詞"can"は「その行為を望み、それを理由に行為する」ことを意味する。CDダイアグラムでは図5・1・8のように表現される。ただし、はじめ図5・1・8の全体が賦活され、そのあとで、REASONリンクの後件だけが賦活された状態に移り変るという、賦活動態の時間経過をも含んだ形で、"can"の意味を構成する。

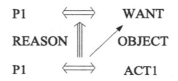

図5・1・8　助動詞"can"

　"can not"は「その行為を望みながら、結果的には、行為しない」ことを意味する。この概念化構造は図5・1・9のように表現され、"can"と同様に、賦活動態の時間経過を含んでその意味を構成する。この範例では入力文に"can not"が含まれているので、図5・1・9のWANTが励起され、賦活動態WHYWANTが触発される。ここの例では、記憶主体が自身で判断できず、外部へ質問を発する形になっている。

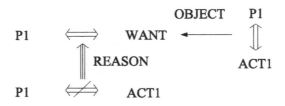

図5・1・9　助動詞"can not"

(2) 主張的リンクを経由する励起動態

主張的リンクを経由して、励起状態を、ある CON から他の CON へ移送することをいう。主張的リンクには、CAUSE リンク、INSTRUMENT リンク、ISA リンクなどがある。INSTRUMENT リンクは行為の概念化構造を明細化するのに使われ、ISA リンクは個体と集合、あるいは集合同士の包含関係を表わすのに使われる。因果関係を表わすリンクには、RESULT、ENABLE、DISABLE、INITIATE、REASON などが区別されるが、本研究においては、これらをまとめて CAUSE リンクと呼んでいる。3・4・1項でも述べたが、R. C. Schank が因果関係に関して次のような統辞規則を与えている。

CS1：Actions can RESULT in state changes.
CS2：States can ENABLE actions.
CS3：States can DISABLE actions.
CS4：States or actions INITIATE mental states.
CS5：Mental state can be REASONs for actions.

これ以外に、二つの CAUSE リンクの連続形になっている、次のような統辞規則もある。

CS6：Actions RESULT in states which ENABLE actions.
CS7：Actions or states INITIATE thoughts which is the REASONs for actions.

ただし、本研究においては、CS6 は ENABLE で、CS7 は REASON で代用している。

ENABLE リンクと DISABLE リンクとは否定の関係にある。ある行為(action)に対して、それを可能にする条件を示すのに ENABLE リンクを使い、不可能にする条件を示すのに DISABLE リンクを使う。このような否定の関係は他の主張的リンクにも拡張できる。それを表5・2・2に示した。否定のリンクは否定的な賦活動態を生起させる。

表5・2・2 主張的リンクの否定形

肯定系	否定形
RESULT	PREVENT
REASON	INHIBIT
ENABLE	DISABLE
INITIATE	DELAY
ISA	ISNTA

5・2 概念推論を構成する要素的賦活動態

前節に紹介した概念推論の範例を検討すれば、概念推論機構を実現するのに必要な要素的手続きを抽出することができる。表5・2・1にその検討結果を示す。次に、抽出された五つの要素的手続きについて述べる。

(1) 特定化

入力言語情報の脈絡をASNに投影し、蓄積されている普遍的知識を特定化することをいう。この手続きは、個々の文章に対して、動詞概念テンプレートの励起、入力情報によるその特定化、内部情報による同定という三つの段階を経て実行される。その3番目の同定は、賦活領域内に限定してすでに内部化されている情報同士の照会によって実行される。物語など、外から入ってきた脈絡は、ASNの賦活領域に実現されている。特定化の手続きは、入力文の内容を、概念記憶すなわちASNの上に定位するために不可欠な手続きである。前節のすべての範例にこの過程が含まれる。特定化推論というカテゴリーは、この特定化の過程だけで終る概念推論だと解釈してよい。

表5・2・1 概念推論の各カテゴリーの形態論的検討

	内部化情報同士の照会		因果関係とその方向性	否定の賦活	精神的CONの伝播
	特殊内部化情報の照会（同定）	一部内部化情報の照会 (1) 通常機能型板 (2) 台本 (3) 時間情報	(+) 矢印の方向 (−) 矢印の逆方向 (R) REASON (r) RESULT (E) ENABLE (I) INITIATE		(1) WHYACT (2) WHYWANT (3) MLOC
特定化推論	○				
原因究明推論			(+) (R)		
結果探知推論			(−) (r)		
動機究明推論			(−) (r)		(1)
可能化条件推論			(+) (E) (r)		
機能照会推論		(1)			(2)
可能性予測推論			(−) (E) (r)		
不可能化条件推論	○		(+) (E)	○	
妨害推論			(−) (R) (r)	○	(2)
行為予測推論			(−) (R)		
知識伝達推論			(−) (I)		(3)
規範照会推論		(2)	(+) (r)		
状態継続時間推論		(3)			
特徴照会推論	○	(1)			
状況照会推論		(2)			
発話意図推論			(+) (R)		(2) give up

このように見てくると、主張的リンクを経由する励起動態の意味論的な多様性が、どのような要因によって生ずるかが明らかになってきた。第1に、CAUSEリンクの前件と後件とにどんな概念化構造がくるかによって区別される (action、state、state change)。上述の因果関係統辞規則 (causal syntax) CS1〜CS7がこのことを示している。第2に主張的リンクに否定形が存在することが明らかにされ、主張的リンクの否定形が広く導入されることによって、否定の賦活という機構が生まれた。肯定の賦活 (affirmative activation) と否定の賦活 (negative activation) とを使い分けることによって、概念推論は一層多様な働きをするようになる。第3に励起状態を移送する方向が区別される。たとえば、CAUSEリンクの矢印に沿う方向と逆行する方向とが区別される。以上、三つの要因によってもたらされる、主張的リンクとそれを経由する励起動態の多様性が、Riegerが分類したカテゴリーの大部分を与えている。

(3) 照会

直接的な脈絡のない知識を参照することをいう。(2)のように主張的リンクを経由するのでなく、ASN上で直接の連合関係がない知識を照会することによって、意味の拡大を行う。書籍やおしめなどの通常の機能 (normal function) を知っていることによって可能な推理がある。海岸や仮装舞踏会などにおける情景や事態の成り行き (situation) に関する知識があってはじめて可能な推測がある。そのとき、このような言葉を仲介にして関連する知識が照会される。Riegerによる分類において、この照会手続きを必要とするカテゴリーがいくつか指摘されている。

(4) 精神的概念化構造の伝播

精神的な要素的行為 (mental primitive action) の一つである。WANTが賦活され、その行為者 (ACTOR) が特定化されると、そのWANTの目的格 (OBJECT) となっているCONから結果として推論されるすべての知識が、その行為者のやはりWANTする事柄だと推測される。このことは、図5・2・1が賦活されると、CON1から結果の推論によって得られるすべてのCONに、図5・2・2が統合されることを意味する。

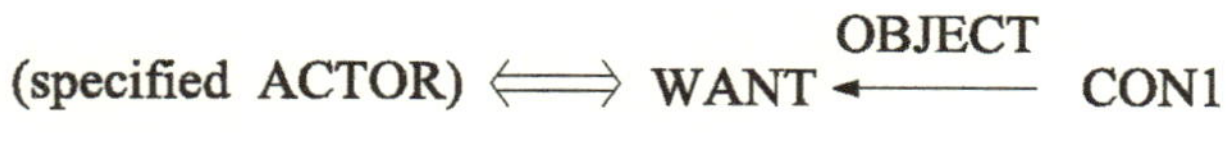

$$(\text{specified ACTOR}) \Longleftrightarrow \text{WANT} \xleftarrow{\text{OBJECT}} \text{CON1}$$

図5・2・1　CON1を望む。

$$(\text{specified ACTOR}) \Longleftrightarrow (\text{WANT}) \xleftarrow{\text{(OBJECT)}}$$

図5・2・2　…を望む。

同様に、精神的状態 MLOC についても、図5・2・2が結果の推論に沿って伝播される。

$$\Longleftrightarrow \text{MLOC(LTM(specified PERSON))}$$

図5・2・3　…を知っている。

(5) 指定された概念の励起存在判定

指定の条件で照合操作を実行し、適合して励起された概念が存在しているかどうか調べることをいう。要素的賦活動態における制御の分岐や、賦活領域内部の矛盾の検出などに、この存在判定が使われる。

以上の考察から、概念推論を実現する数少ない形態論的手続きが存在し、意味論的な多様性を十分に包摂していることが明らかになった。

第6章　賦活制御言語

　活性化意味ネットワークを賦活制御する手続きを記述するため一つのプログラム言語を構成し、それを使って具体的に賦活制御プログラムを例示する。活性化意味ネットワークの要素的な賦活動態をルーチンとして定着するために賦活制御の手続きを記述するプログラム言語を構成する必要があった。これを活性化意味ネットワークの賦活制御言語と呼ぶ。この言語の各命令は節点や有向弧の原子概念から成るデータ集合をSIMD並列に制御する。再帰的拡張節点を識別しながら柔軟にネットワークを横断できるようにいくつかの工夫がなされた。TRANSFER STATE命令によって節点間の励起状態移送を制御する。SET SHARING-EXCITATION命令とCLEAR SHARING-EXCITATION命令とによって節点間の励起共有を任意に設定したり解除したりできる。前者が照合条件を示しそれに適合する弧のところで励起共有設定し、後者がその設定を解除する。励起を起すMATCH、TRANSFER STATE、SET SARING-EXCITATIONの3命令には励起と同時にその痕跡を残す機能を添える。この機能を利用すればプログラム中にブロックを決めその中で指定された励起命令が個別に活性化意味ネットワークを励起するのを集めてそのAND条件やOR条件で最終的な励起状態を得ることができる。SET LOGICAL MODE命令とCLEAR LOGICAL MODE命令とがそのブロックを示す。また、分岐命令は活性化意味ネットワークの励起状態を分岐条件とする。[文献98)]

6・1　賦活制御命令

6・1・1　命令形式

　賦活動態の類型であって、広く一般の賦活動態の要素となるような動態を、賦活制御の手続きとして定着して行かねばならない。そのために、ASNを賦活制御するプログラム言語を構成する。この言語には、次に述べるような機能が要求される。
　(1)　ASNの上に潜在するR節点の同定を容易にする機能が必要である。
　(2)　励起動態を制御するための基本操作として、節点間で励起状態を移送する機能が必要である。
　(3)　原子概念に対する内容指定の接近（content access）が可能であること。

これを手段として、節点集合に対する並列的な照合を行い、かつ、複数の弧において並行的に励起状態を移送する機能を持たせたい。

要求（1）には励起共有設定で応える。要求（3）に応えて、この命令系は SIMD (single instruction stream multiple data stream) 並列に処理を実行するものとする。ASN の基底構造である節点・弧ラベル付有向グラフにおいて、弧集合 A に要素 (x, y; u) が存在するとき、その逆の要素 (y, x; −u) の存在を想定し、

$$\forall x \forall y \forall u \{(x,y;u) \in A \rightarrow \{(x,y;+u) \in A' \land (y,x;-u) \in A'\}\}$$

を真とする集合 A′ を考える。このとき、合併集合 N ∪ A′ を一つのデータ集合とすれば、賦活制御言語の命令系は、このデータ集合に対して SIMD 並列の処理を実行する。すなわち、弧に対しては、その方向も識別した上で、処理を実行する。

次に、命令形式を示す。言語記述は AN 記法による。

〈命令形式〉＝〈非選択的操作項〉[〈選択的操作項〉][〈照合子形式〉]
〈選択的操作項〉＝ [(〈励起痕跡選択〉)]
　　　　　　　　　[〈論理様式選択〉,]
　　　　　　　　　[〈節点・弧選択〉]
　　　　　　　　　[.〈照合条件〉.]

〈照合子形式〉＝〈m〉
　　　　　　　＝〈 [♯ (1/2)]
　　　　　　　　　[PS：〈パラメトリック特定化項群〉]
　　　　　　　　　[SS：〈シンボリック特定化項群〉]
　　　　　　　　　[AV：〈活性度〉]
　　　　　　　　　[FZ：〈あいまいさ〉]
　　　　　　　　　[MD：〈調整子群〉]
　　　　　　　　　[DC：[＋ | −]〈記述子〉]
　　　　　　　　　[ID：〈同定子〉 〉

ここで、任意の概念素項に対して、
　　　〈概念素項群〉＝〈概念素項〉{ , } ...

である。また、＋、−は、弧記述子に付随している方向を識別するため、弧原子概念に対する照合子にのみ使われる。＋の場合は矢印の方向に、−の場合は矢印の逆方向に照合する。照合子形式は励起項がないことを除けば、原子概念の構成と同じである。

〈励起痕跡選択〉＝ z
　　　　　　　＝ 1 / 2
〈論理様式選択〉＝ w
　　　　　　　＝ AND ｜ OR
〈節点・弧選択〉＝ x
　　　　　　　＝ N / A
〈照合条件〉＝ y
　　　　　　＝ EQT ｜ NEQ ｜ LTH ｜ STH ｜ LEQ ｜ SEQ

ここで、各項は、等号、不等号、大小関係を表わす。すなわち、はじめから順を追って、＝、≠、＞、＜、≧、≦、を意味する。

〈非選択的操作項〉＝ LINK ｜ STORE ｜ PUT ｜ ADD ｜ READ ｜ MATCH ｜
　　　　　　　　　 TRANSFER STATE ｜ SET SHARING-EXCITATION ｜
　　　　　　　　　 COMPOSE ｜ SET LOGICAL MODE ｜ CLEAR EXCITATION
　　　　　　　　　 ｜ CLEAR SHARING-EXCITATION ｜ CLEAR LOGICAL MODE

非選択的操作項が、賦活制御命令の主要な機能を表現している。すなわち、MATCH は照合操作を実行し、TRANSFER STATE は励起状態を移送し、SET SHARING-EXCITATION は励起共有設定を行う。

6・1・2　各命令の機能

次に、個々の命令の機能を説明する。各命令は、ASN に所期の変化をもたらす。

(1)　LINK <m>

この命令の照合子は、かならず、記述子〈DC：（＋｜－）〈記述子〉〉を持つ。記述照合子が〈DC：+dc〉であれば、図6・1・1 (a) に示すように、ASN 上のすべての励起節点から新しい弧が伸びる。また、記述照合子が〈DC：−dc〉であれば、(b) のようになる。照合子形式は、活性項や、記述子以外の蓄積項を含むことができるから、それらを同時に書き込むこともできる。LINK 命令は ASN を増殖するのに使われる。

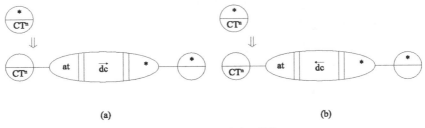

図6・1・1　LINK命令の機能

(2) STORE x <m>

　この命令は、励起されている節点や弧に照合子の内容を格納するのに使われる。節点選択（x＝N）の場合は、図6・1・2 (a) のようになる。弧選択（x＝A）の場合は、照合子が記述子を含むか含まないかによって異なる変化が生ずる。照合子が記述子を含まなければ (b) のようになる。照合子が記述子を含めば (c) のようになる。ただし、(c) は弧記述照合子が＋のときである。もしこれが－ならば図中の矢印は逆方向になる。弧の励起状態は、隣接する節点の励起状態を自動的に誘発する。図6・1・2 (b) のように、弧が励起されると、その指定された側の端節点も自動的に励起されることに注意されたい。

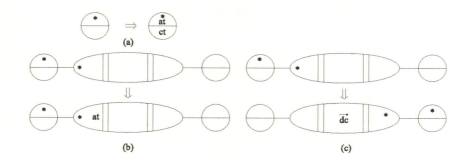

図6・1・2　STORE命令の機能

(3) PUT x <m>

　この命令は、励起領域のみに限らず、ASNのすべての節点あるいは弧に、照合子を格納するのに使われる。とくに、ASN全体にわたり、特定の概念素項を解消したいときに、この命令を使う。たとえば、〈#1〉を照合子とするPUT命令を使えば、#1励起痕跡を、ASN全体から除去することができる。ただし、ここで、#1を1ビットのコード1で表わすと、その否定で、$\overline{\#1}$はコード0となる。したがって、$\overline{\#1}$は#1励起痕跡を解消する照合子だと思ってよい。

(4) ADD x <m>

　パラメトリック特定化項や活性度やあいまいさだけが、この命令の照合子になれる。これらはすべて数値的情報である。この命令は、励起されている節点や弧の数値的な概念素項に照合子を加算するのに使われる。必要に応じて、加算以外の演算も導入すべきだと考えている。そのことは、活性度やあいまいさなどが活用されるシステムにおいて改めて考える。

(5) READ x

　この命令によって、励起されている節点あるいは弧の原子概念を、ASNの外

に読み出すことができる。読み出す場所は、スタック（$）である。スタックに読み出された情報は、直ちに、リスト処理に移行することもできる。また、このスタックは、照合子を容れるのにも使われる。したがって、このREAD命令で読み出したものを、直ちに、次の命令の照合子として使うことも可能である。命令の照合子は〈DC：$〉とすればよい。

(6)　MATCH [(Z)] x .y. <m>

　この命令は、照合条件 x .y.〈m〉に適合した原子概念を持つ節点や弧を励起するのに使う。X＝Nのときは節点だけに対して、x＝Aのときは弧だけに対して、x＝NAのときは節点と弧の両方に対して、照合操作が実行される。弧の原子概念が適合して励起されると、その指定された側の端節点も励起される。また、このMATCH命令によって、適合概念を励起すると同時に、指定された型の励起痕跡を残すことができる。励起痕跡の型はzで指示され、1、2、12の三つが区別される。12は#1と#2との両型の励起痕跡を残すよう指示するものである。照合条件による基底節点集合の指定は、一種のR節点構造認識規則が適用されたものとみなしうる。

(7)　TRANSFER STATE [(z)] .y. <m>

　この命令は、節点間で励起状態を移送するのに使う。この命令の実行には、弧原子概念に対する照合操作が含まれる。照合条件は A .y.〈m〉である。弧の照合子は方向の指示を含み、＋、－で表現されることに注意されたい。ASN上に励起節点が存在し、それに隣接して、上述の照合操作によって、指定の方向も含み適合した弧が存在するとその弧を通して励起状態がその隣接節点へ移送される。たとえば、照合条件が A .EQT.〈DC：-dc〉であれば、ASNに図6・1・3に示

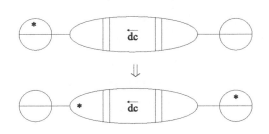

図6・1・3　TRANSFER STATE命令の機能

〈意味〉の結合科学

すような変化が生じる。
(8) 　SET SHARING-EXCITATION[(z)] .y. <m>
(9) 　CLEAR SHARING-EXCITATION

　命令（8）は、照合条件 A .y. <m> に適合した原子概念を持つ弧を励起すると同時に、その弧において、方向を指定した励起共有設定を行う。たとえば、照合条件が A .EQT. <DC：+DC> であれば、ASN に図6・1・4に示すような変化が生じる。記述照合子に符号がなく <DC：dc> のような場合は、当該弧の両方向に励起共有設定される。一般に、弧の記述照合子は、＋符号を持つ場合、－符号を持つ場合、符号なしの場合という三つの場合がある。＋符号によって有向弧の矢印の方向を、－符号によって矢印の逆方向を、そして、符号なしの場合は両方向を指示する。

　命令（9）は、ASN からすべての励起共有設定を解消する。賦活制御プログラムの中で命令（8）と（9）にはさまれたブロックにおいて、指定の励起共有設定が効力を持っている。

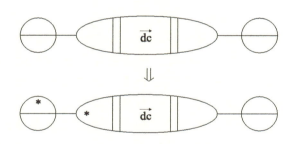

図6・1・4　SET SHARING-EXCITATION 命令の機能

　一般に、励起共有設定、その他、論理様式設定や励起状態などのシステム活性項は、それぞれ、特定の CLEAR 命令を必要とする。一方、パラメトリックおよびシンボリック特定化項のようなユーザ活性項や励起痕跡などは、PUT 命令によって解消される。ただし、励起痕跡がシステム活性項であるにもかかわらず、PUT 命令によって解消されるのは、励起痕跡が、制御情報のみならず、蓄積情報としての性質を有することを反映している。

(10) 　COMPOSE

　これは、弧に対する照合操作を含まない励起共有設定命令である。ASN に、図6・1・5に示すような変化をもたらす。

(11) 　SET LOGICAL MODE　w, x
(12) 　CLEAR LOGICAL MODE

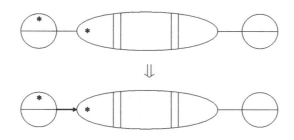

図6・1・5 COMPOSE命令の機能

　この二つの命令によって、論理様式の指定されたプログラムブロックを、設定する。(6), (7), (8) の各命令は、その動作中に照合操作を含み励起概念を作り出すが、それらの z 項を使って、その励起結果の痕跡を残すことができる。このことを利用して、AND 条件や OR 条件で論理探索を実行する機構を実現する。賦活制御プログラム中、あるブロックを設定し、そのブロックに属する上記 3 種の命令のうち目的に適ったものを選び、それらが個別に ASN を励起するのを累積して、それらの AND 条件あるいは OR 条件で最終的な励起状態を得ようとする。命令 (11) の w 項によって AND か OR かの論理条件を指定する。AND 条件が設定されると、設定の初期時点ですべての節点あるいは弧に痕跡が付けられ、条件が重なるにつれて、適合しない節点あるいは弧から痕跡が消去されていく。一方、OR 条件が設定されたときは、逆に、初期時点ですべての節点あるいは弧が励起痕跡を持たず、OR 条件が重なるにつれて痕跡を持つものが増えてくる。したがって、PUT 命令を使えば、論理条件が設定されたブロック内でさらにローカルに励起痕跡を解消し、論理条件の累積をふりだしにもどすことが可能である。すなわち、論理条件 AND が設定されたブロックにおいて、命令 PUT NA⟨#1⟩ が現れると、この命令の前に生じていた #1 痕跡に対するすべての AND 条件が解消されて、AND 条件設定の初期状態に戻る。同様に、OR 条件設定のブロックでは、命令 PUT NA⟨$\overline{\text{#1}}$⟩ によってふりだしに戻る。

(13) CLEAR EXCITATION x
　この命令は、ASN からすべての励起状態を解消するのに使われる。

　以上は、ASN の賦活制御に直接たずさわる命令群である。以下、ASN とその賦活制御部とにまたがる部分を制御する命令について説明する。賦活制御部は、MMR (multiple match resolver) と呼ばれる多重適合状態の処理機構を持っている。MMR は、次のような機能を持つ。

(a) ASN上、励起節点の数をかぞえる。
(b) 複数の励起節点の中から、一つだけ優先して選び出す。

機能 (a) を利用して、次のような分岐命令を導入する。

(14)   BRANCH(A) .y. s

ここで、Aは賦活制御プログラムの行番号、yは大小比較条件、sは励起節点の数を表わす。.y. s は、励起節点数に関する条件を示す。ASN の励起状態がこの条件に適合するとき、行番号Aの命令へ制御が飛ぶ。適合しなければ、次の行の命令へ進む。ただし、賦活制御プログラムの各命令はかならず行番号を持つものとする。

また、MMR の機能 (b) を利用して、次のような読み出し命令を導入する。

(15)   PREFERENCE x

この命令によって、節点か弧かを x 項によって指摘し、励起されている複数の節点あるいは弧のうちから一つを選び出し、それを読み出すことができる。この命令が実行された後は、はじめに励起されていた節点あるいは弧のうち、いま読み出された節点あるいは弧を除いた残りが、再び、励起された状態で残留している。

6・2 賦活制御プログラム

本節において、賦活制御プログラムの簡単な例を示す。

(1) ある動詞の概念テンプレートを励起するプログラム

2・1・3項の図2・1・1や図2・1・2を例として使う。ASN のこの部分は、たとえば、入力文、

　　　　　　John gave Mary a book.

が与えられたとき、動詞 give に触発されて、図2・1・1の前件 [A] の部分が励起される。これを実現する賦活制御プログラムは、表6・2・1のようになる。

動詞 give が表現する概念は、代表節点 ACTI に率いられたR節点によって内部化されている。このプログラムで、ASN を賦活制御すると、ASN のこの部分だけが励起される。

行1の命令により、励起痕跡の論理条件が AND に設定され、行24の解消命令に至るブロックを形成する。このブロックの中で、行3、6、9、17 が、#2 の励起痕跡を残すように指定された命令である。行17の命令が実行された時点に至って、それぞれの励起命令の AND 条件で励起痕跡 #2 が残される。また、行12と行14とが #1 の励起痕跡を残すように指定された命令であるから、行14

表6・2・1　賦活制御プログラム例 (1)

```
 1  SET  LOGICAL  MODE  AND, N
 2  MATCH  N  .EQT. 〈DC：ATRANS〉
 3  TRANSFER  STATE (2) .EQT. 〈DC：+AN〉
 4  CLEAR  EXCITATION  NA
 5  MATCH  N  .EQT. 〈DC：PHYSICAL  OBJECT〉
 6  TRANSFER  STATE (2) .EQT. 〈DC：+OJ〉
 7  CLEAR  EXCITATION  NA
 8  MATCH  N  .EQT. 〈DC：PERSON〉
 9  TRANSFER  STATE (2) .EQT. 〈DC：+DT〉
10  CLEAR  EXCITATION  NA
11  MATCH  N  .EQT. 〈#2〉
12  TRANSFER  STATE (1) .EQT. 〈DC：−AR〉
13  CLEAR  EXCITATION  NA
14  MATCH (1) N  .EQT. 〈DC：PERSON〉
15  CLEAR  EXCITATION  NA
16  MATCH  N  .EQT. 〈#1〉
17  TRANSFER  STATE (2) .EQT. 〈DC：+DF〉
18  CLEAR  EXCITATION  NA
19  SET  SHARING-EXCITATION  .EQT. 〈DC：−STRUCTURAL  LINK〉
20  CLEAR  EXCITATION  NA
21  MATCH  N  .EQT. 〈#2〉
22  PUT  N 〈#12〉
23  CLEAR  SHARING-EXCITATION
24  CLEAR  LOGICAL  MODE
```

の命令が実行された時点にはそれぞれの励起命令のAND条件で励起痕跡#1が残されている。行2～4は節点ATRANSを励起し、その励起状態を構造的リンクACTIONを通して代表節点へ移送する。行5～7と行8～10とにおいて、その他の構造的リンクによって同様の手続きが実行され、#2痕跡の選択域をせばめる。これらの構造的リンクを部分的に持つ代表節点がほかにあっても、それらは途中で消えていく。行11～18が#2痕跡のもう一つの選択条件を与える。ACT1は、ACTORとDIRECTIVE-FROMとの二つの格に対して同一の人物を取らなければならない。この制約条件を加える過程に#1励起痕跡のAND条件を利用した。行17の命令が実行された時点に至って、ACT1のみが励起痕跡#2を残している。行19は、すべての概念化構造の代表節点から構成要素節点へ向けて励起共有設定する。この行から行23の解除命令に至るまで、励起共有のブロックが形成される。このブロックの中で行21が代表節点ACT1を励起

〈意味〉の結合科学

する。そうすると、ACT1 を中心とする概念化構造の全体が一度に励起状態に入る。

(2) 概念化構造同士の間で励起状態を移送するプログラム

　図 2・1・1 において、すでに、前件 [A] が賦活され、次のように特定化されているものとする。

$$P1 \rightarrow P1(JOHN1)、P2 \rightarrow P2(MARY1)、X1 \rightarrow X1(BOOK)$$

また、前件 [A] の部分が励起痕跡 #2 を残しているものとする。この状態からはじまり、1 サイクルの結果の推論が実行され、前件 [A] から後件 [B] が推論される過程を、プログラムする。

表6・2・2　賦活制御プログラム例 (2)

```
100    MATCH   N   .EQT. 〈#2〉
101    STORE   N 〈SS：m21〉
102    PUT   NA 〈#2〉
103    CLEAR   EXCITATION   NA
104    MATCH   N   .EQT. 〈DC：CON〉
105    PUT   N 〈SS：i〉
106    CLEAR   EXCITATION   N
107    MATCH   N   .EQT. 〈SS：m21、i〉
108    PUT   N 〈SS：ī〉
109    TRANSFER   STATE  (2)   .EQT. 〈DC：-RT〉
110    CLEAR   EXCITATION   NA
111    SET   SHARING-EXCITATION   .EQT. 〈DC：-STRUCTURAL   LINK〉
112    CLEAR   EXCITATION   NA
113    MATCH   N   .EQT. 〈#2〉
114    CLEAR   SHARING-EXCITATION
```

　行 100 で #2 励起痕跡を励起状態に戻す。この励起領域は、一般には、複数の概念化構造から成るとみなさなくてはならない。この状態から結果の推論を実行する。そのために、その複合概念化構造を一つの全体と見ることはもとより、それを構成する基底の概念化構造の一つ一つを識別して、そのそれぞれから CAUSE リンクを逆行して励起状態を移送し、その結果新しく励起された概念化構造群を求める。行 101 は、結果の推論のマーキングを行っている。行 104～108 において、初期の励起領域に含まれていたすべての代表節点を取り出し励起する。行 109 で、これらの代表節点から CAUSE リンクを逆行して励起状態

を移送し、その結果に励起痕跡 #2 を残す。このあと、行 110 において励起状態を一旦解消し、行 111 によって代表節点から構成要素節点へ向けて励起共有設定したうえ、行 113 において ⟨#2⟩ で照合励起している。

　以上、その片鱗しか示すことができないが、このような賦活制御プログラムによって複雑な文脈を指定された場合も、容易に、ASN のその目的の部分にアクセスでき、また、励起領域の移動、拡散、集約、転移などを自由に制御して、任意の賦活動態を実現できるのである。もっと具体的な応用的課題を考えるならば、たとえば、次のような課題が考えられるであろう。われわれ人間の場合、「連想的準備 (assciative priming)」という心理現象がある。すなわち、ネットワーク構造に連合された知識に基づいて、有益な知識が無意識に準備され、たとえば、談話理解の場面で、不正確な情報が入ってきたときその欠けた情報を補い、また、次の話を聴かないうちにその内容を予測したりする。このような連想的準備は、機械にも適切な概念ネットワークデータと賦活制御プログラムによって実現可能である。

第7章 ASNモデルの展開

　本書では割愛したが、活性化意味ネットワークモデルを効果的に実現するため新しいタイプのメモリシステムを設計している。新しいシステムは分配論理記憶の原理に従って設計され概念記憶システム NOAH-ASN と呼ばれる。システムの中核となるのは分配論理連想プロセッサ NOAH である。NOAH は概念ネットワークを格納し活性化意味ネットワークの賦活制御言語を実現する。
　NOAH-ASN システムのコンピュータシミュレーションの方法を示す。
　NOAH-ASN システムのシミュレーション実験は活性化意味ネットワークモデルの膨大な実証研究へと繋がる。本章の後半では、モデルの適用範囲を示しながら、このモデルを適用することによって果される知的情報処理システムの認知的拡張について述べる。とくに、活性化意味ネットワークを意識の座とみなしその励起領域を意識だと解釈することが、どのような意味をもち、人工的な知的情報処理システムにどのような新しい展開をもたらすか考察する。また、連想や類推は知的情報処理の支援システムとなるが、それらは活性化意味ネットワークの賦活動態として効果的に実現できるのである。さらに、認知心理学の分野で研究されている連続的な活性化量の拡散理論に言及し ASN モデルとの連続性を示す。

7・1　コンピュータシミュレーションの方法

　本研究は、日常的な知識の記銘や想起や推論のための記憶のモデルを提案し、かつ、そのモデルを実現し易くするハードウェアメモリシステムを設計している。これらの有効性を実証するにはコンピュータシミュレーションによる方法がある。しかし、メモリシステムのシミュレーションを行うことの意義はきわめて小さい。何故ならば、このメモリシステムは、もともと、インデックスを用いることなく意味ネットワークを活用するために考えられたものであるが、コンピュータシミュレーションしようとすると、どうしてもインデックスを使わざるを得ないからである。一方、ASNモデルのシミュレーションということであれば、いずれにしても NOAH-ASN システムのシミュレーションがベースになることでもあり、その上に広大なプロジェクトを考えることができる。実用的にも、そのまま知識情報処理システムの連想支援あるいは類推支援システムなどとしての応用を考えることができる。プログラム言語は LISP を採用する。以下、シミュレー

〈意味〉の結合科学

ションプログラムを作る手続きを箇条書に順を追って説明する。

1) 初めての試みであるから、モデルの小規模の実現を目ざすとして、原子概念の概念素項を縮小し、同定子、記述子、励起項、励起痕跡の4つとする。蓄積項である同定子と記述子を使い、節点セルの集合を作り、ASNのデータベースとする。節点セル集合はNC-SETと名付けられた次のようなリストで表される。
```
(
  (〈節点同定子〉〈節点記述子〉
   (〈弧記述子〉〈節点同定子〉)．．．
  )．．．
)
```
活性項である励起項や励起痕跡は、本来、各節点セルの中で1つの概念素項として記入されるべきものであるが、LISPシステムで実現し易くするため、それぞれの働きは励起された節点や弧を示すインデックスリストや励起痕跡を持つ節点や弧を示すインデックスリストに置き替えられる。励起された節点のインデックスリストはENと呼ばれ次のように表される。
```
(〈節点同定子〉．．．)
```
励起された弧のインデックスリストはEAと呼ばれ次のように表される。
```
((〈節点同定子〉〈弧記述子〉)．．．)
```
励起痕跡を持つ節点や弧のインデックスリストはENVやEAVと呼ばれそれぞれENやEAと同じ形式を持つ。

2) 具体的なASNデータベースの内容はR. C. SchankのCD理論に基づいて構成する。また、言語表現から概念表現への変換は、同じくR. C. Schankのconceptual parser McELIを参考にする。

3) 賦活制御プログラムは、まとまった賦活動態を起す関数の定義として段階を追って構成される。ASNモデルの賦活制御言語の各命令を関数として定義するとき、すべての節点セルに対して並列処理する手続きが入ってくるが、それは、リストNC-SETの要素に対して繰り返し同じ操作を実行するMAP関数を使って実現する。また、基本的な連想アドレッシングの賦活制御命令によるプログラムは、LISPプログラムにおいてそのままPROG形式で表現される。

4) 上記のように、概念記憶システムはボトムアップにシステム構成していく

のであるが、ここまで来れば、いよいよ各種の精神的機能をコーディングできるようになる。国語辞書を調査し精神的な状態や行為を表している言葉を抽出して、それらを、CD理論に基づいて分析し、その結果から、言葉に表されている精神的行為をASNの賦活制御手続きとして解釈する。高次の精神的機能はそれらの賦活制御手続きをコーディングすることによってLISP関数として実現される。

連想とか類推とかは、言葉の分析をやるまでもなく一般に知られた高次の精神的機能である。これらは、演繹的推理や帰納的推理などと異なり、しかも問題解決、判断、学習などの事態で重要な役割をはたしていると思われる。概念記憶システムが構成できたら、このようなこともシミュレーション実験できるようになる。とくに、連想については、イギリス連想学派以来の懸案であり大掛りにシミュレーション実験できることの意義は大きい。哲学事典（平凡社）から連想や類推に関する記述を引用して参考に供する。

連想あるいは連合について
　一般的には、意識内容の要素もしくは観念の連結を意味し、観念連合ともいう。観念どうしの間の連合に関してはすでにアリストテレスが指摘したが、その後、言葉と観念との間の関係を基本的に連合作用に求めるバークリー、あるいはロック、ヒューム、ミルらイギリス経験主義の系譜のなかに、主たる展開をみた。さらに、現在では、刺激－反応の間の連結をさすこともあり、その意味では、本来の観念もしくは意識要素間の関係という定義域はかなり拡大されている。
　これらの関係は、自然に生まれる自由連想、ある限られた意図、習慣から構成される制限連想の区別を立てられることがあり、また、その生成構造として、しばしば、類似、対比、時空的接近などが指摘される。このような連合の構造は、最近では、心理学の分野で扱われることが多く、それを連想主義 associationism もしくは連合心理学 association psychology と呼ぶ。連合には、方向性が認められ、成立時と同方向に喚起されるものとして、順連合、その逆方向を逆連合という。系列的事象の各要素の間に生じた連合のうち隣接する要素間の連合を隣接連合、離れた要素間の連合を遠隔連合または跳び越し連合とよぶ。こうした連合関係は、刺激－反応系としてとらえる現代新行動主義心理学や条件反射理論、学習理論の中で、新しい位置づけと解釈を与えられつつある。

類推について

　　類比または比論ともいう。二つの事物が、いくつかの性質や関係を共通にもち、かつ、一方の事物がある性質または関係をもつ場合に、他方の事物もそれと同じ性質または関係をもつであろうと、推理すること。演繹的推理とも帰納的推理とも異なり、類似点にもとづいて、ある特殊な事物から他の特殊な事物へ推理をおよぼすことである。類推は論証ではなく、結論は蓋然的であるが、既知のものを手がかりにして未知の真理を発見する方法として、有効な役割をはたす場合が少なくない。類推によって見出された結論は別の方法によって確かめられなければならない。類推が成立するのは、比較される二つの事物が表面的にでなく、本質的に類似している場合である。本質的に異なった事物の間で類推を行うことは、誤った結論を導くおそれがある。

7・2　ASNモデルの適用範囲

　ASNモデルは、はじめ意味推論の表現体系であることを目標とした。しかし、考察が進むにつれてその適用範囲は大きな拡がりを見せてきた。意味推論とは、入力された文章を理解するために概念記憶の上で行われる推論をいう。ここで「理解する」ということの意味が問題である。ここでは、入力された文章の理解とはその文章に対するシステムの反応のあり方だと解釈する。そうすると、反応のあり方によっていくつかの理解のレベルが考えられる。

　まず第1段階は、入力された文章に含まれている情報を記憶主体の保有している知識全体を背景に位置付けできるレベルである。入力文が表現する概念の骨組みによってASNに対してパターン照合を行い、ついで入力文中のほかの具体的な情報を使ってその適合した部分を特定化する。ASNはさまざまな知識が統合されている場所であるから、この段階の手続きを経れば、保有されている知識の範囲でどのようにも推論が展開できる出発点についたことになる。

　第2段階は、意味の拡大（semantic expansion）が可能なレベルである。第1段階の機能によってASN上特定の部位が賦活されるが、第2段階はその賦活された部位からそれに連合している知識を自発的に賦活する。そのことにより入力文の意味は記憶主体の知識を背景に拡大していく。

　第3段階は質問応答の能力を持つレベルである。質問文が表現する意味を理解するには第1と第2の段階の機能が必要である。その上にこの段階では、質問に対する応答能力が求められる。入力された文章に対するシステムの反応を「理解」の意味と考えたから、質問に対する応答能力も一つの理解のあり方を示す。この段階では、応答すべき内容を同定しかつ表出する機能が必要である。表出機

能は ASN から見れば外にある機構によって実現される。

　第4段階は、入力された命令文の内容を遂行する能力を持つレベルである。そのためには ASN の外部機構として行為を遂行する機構が備えられていなければならない。命令文を受け、概念記憶における処理を経由して行為の効果器を起動させる一連の機構が必要である。命令文は対自的自己を持つ概念化構造として ASN の上に内部化され、その対自的自己の概念は行為遂行のためその概念化構造を解釈する操作の触発因子となる。この段階はさらに、精神的行為のみ遂行できる段階と、精神的行為のみならず身体的行為まで遂行できる段階とに細分される。精神的行為は ASN の賦活動態そのものであるから対自的自己という新たな触発因子の導入だけで実現できるが、身体的行為の実現には種々の身体的外部機構を装備しなけらばならない。

　第5段階は、入力文が直接的な命令でなくても概念推論を経由して主体的な行為を伴うレベルである。そのためには、ASN の中に、対自的自己を行為者とする概念化構造により表現された主体的行為の方略が埋め込まれていなくてはならない。第5段階まで到達すれば、ASN は外界からの言語的情報を認識するばかりか、同時に、外界へ働きかける行為の中枢となる。すなわち ASN モデルによれば、概念記憶は、客観的知識と主体的行為方略との適切な連合の場だと考えられているのである。

7・3　対自的自己の概念について

　ASN の賦活動態には、外から入力される言葉を直接触発因子として起るものと、賦活動態の途中で ASN の励起領域に現れる内部触発因子によって起るものとがある。対自的自己（SELF）は内部触発因子である。概念記憶の主体が自己に関する概念を持ち、自己を行為者（actor）とする概念化構造を記憶することにどのような意義があるだろうか。自己に関する概念には2通りある。哲学者の言によれば、人は自己に対して存在する（対自存在）と同時に他者に対して存在する（対他存在）という。人は自らにとっては主体であるが、他者に対しては客体として身をさらしている。ここでは、このことに一つの単純化した解釈を与える。記憶主体にとっての自己に関する概念は、行為主体としての自己の概念と、客体として見た自己の概念との2つに区別される。前者のような自己の概念をSELF という名辞で表現する。記憶主体へ言葉による命令が与えられたとき、記憶主体の理解の様相は第4章や第5章で扱ったレベルを越える。その命令を遂行することが理解のより高い水準を示す。このとき ASN はどのように機能するのであろうか。命令文はまず SELF を行為者とする概念化構造として内部化さ

れる。そして、記憶主体に行為の遂行能力が与えられていれば、この後にその SELF-action が行為遂行の目的で解釈される。その行為が身体的行為（physical ACT）ならば、効果器（effector）の制御機構を起動するであろう。精神的行為（mental ACT）ならば、精神の場であるまさに ASN の賦活制御機構を起動するであろう。命令を受け容れて行為するだけでなく、記憶されている主観的な行為の方略によって行為することがあってよい。これはさらに高い理解の水準を示している。ASN に SELF-actor を持つ行為の概念化構造を埋め込むことによって、客観的な知識とは別に主観的な行為の方略を持った概念記憶主体が構成される。ここにあのプロダクションシステムと同様のメカニズムがある。プロダクションシステムにおいては、外界の状況によってプロダクションの LHS に対してマッチングをはかり、適合したプロダクションの RHS が示す行為を遂行する。ASN には実質このプロダクションと同じ内容が埋め込まれており、マッチングによって LHS に相当する部分が励起され、賦活領域の拡大によって RHS に相当する部分との連合が成立する。

　精神的な行為の概念化構造がその actor の ASN の賦活動態そのものを表現し得ることに注意すべきである。とくに SELF-actor であれば、概念記憶主体の精神的機能を示す。R. C. Schank の CD 理論は自然言語で表現される意味内容の概念レベルの表現法を与えた。自然言語で表現されるのはこの世界のすべての事物にわたる。その中には人が自らの内容世界の動きを捉える表現も含まれる。R. C. Schank は精神的な要素的行為（mental primitive action）を言葉の分析を通じて抽出するときどうしてもその背景となる記憶のモデルを必要とした。そのモデルは、あくまでもわれわれの使っている言葉に現れる内容から立てられたものであって、人は記憶を 3 つの部分に分けて語るという。

conscious processor CP
　　　　　　CP はすべての意識された思考が生起するところである。CP に一時に受け容れ得る量には限りがある。

intermediate memory IM
　　　　　　IM は思考の過程で現在使用されている概念のすべてを保持しておくところである。英語の表現では have on one's mind とか assume for now とかに対応する。

long term memory LTM
　　　　　　LTM はその人の知識のすべてを蓄えている。

この記憶の区分法には短期記憶（short term memory、STM）という区分が使われていない。人々がそのような概念について語ることがないからだという。次に R. C. Schank によって抽出された精神的な要素的行為を紹介する。

MTRANS

生きものどうしで、あるいは一つの生きものの内部で精神的な情報を移動させること。記憶の区分はCPとLTMの二つだけが出てくる。さまざまな感覚器官がMTRANSのみなもととなる。tellは人々の間のMTRANS、seeは目からCPへのMTRANS、rememberはLTMからCPへのMTRANS、forgetはLTMからCPへMTRANSできないこと、learnはLTMへ新しい情報をMTRANSすることをそれぞれに意味する。

MBUILD

生きものが古い情報から新しい情報を生成すること。たとえば、decide、conclude、imagine、considerなどがMBUILDを含む。

MFEEL

2つの生きものの間の感情的関係を表現する。これは本来、状態を表わす概念化構造（stative conceptualization）に属すべきであるが、適切な表現法を見出し得ず便宜的に動作を表わす概念化構造（active conceptualization）として取り扱っている。感情的関係が動作の概念化構造の格表現に等価な要素をもっているのでこのような処置が取られた。

WANT

生きものがある対象を欲求すること。これもMFEELと同様の事情で便宜的に導入された精神的な要素的行為である。

次の2つは精神的な行為とは言えないが、いずれもMFEELの手段（instrument格）となる。

SPEAK

音を作り出す行為。多くのものがSPEAKできる。人は通常MTRANSの手段としてSPEAKする。say、play music、purr、screamなどが要素的行為SPEAKを含む。

ATTEND

注意の行為、換言すると、刺激の方へ感覚器官の焦点を合せること。

耳をATTENDするのはlisten、目をATTENDするのはseeである。英語ではATTENDはほとんど常にMTRANSの手段として言及される。たとえば、seeは対象物へ目をATTENDすることを手段として、目からCPへMTRANSすることだとされる。

　CP、IM、LTMという3つの記憶の区分は活性化意味ネットワーク（ASN）の上で識別される領域の違いによって解釈される。CPはASNの励起領域に相当する。IMは賦活されているが、励起されていない領域、LTMは賦活されていない領域に相当する。CPが一時に受け容れ得る量の制約は、充分ではないが部分的に、ASNモデルの常時単一のR節点のみ励起されているという制約に相当している。
　第4章、第5章で取り扱ったのはその手続きについては意識されることのない賦活動態であった。一方、SELFをactorとするactionを解釈することによって起る賦活動態の場合は、行為の主体である自分についても、その行為の手続きについても意識されている。ASN内部のSELF-actorを持つ精神的行為によって触発される賦活動態は記憶主体に高次の精神的機能を与える。SELF-actor MTRANSは、その目的格によって指示されるASNの部分を励起したりあるいはLTM定着を実行したりする賦活制御の手続きを起動する。MTRANSの授受格（recipient）がLTM→CPのときASNの励起を行い、CP→LTMのときLTM定着を行う。SELF-actor MBUILDは古い知識から新しい知識を生成する。SPEAKは発話に関係した文章の生成器や音声合成機構を起動する。その他、これはまだ憶測に過ぎないが、WANTは欲求表現、MFEELは情緒表現、ATTENDは知覚行動の触発因子になるのであろう。

7・4　連続的活性化量の拡散理論

　記憶の諸過程を決めるのは、記号や構造などシンボリックな因子ばかりではなく、数値で表わされる因子もある。ASNモデルでは、概念素項にあいまいさや活性度などを導入して、その枠組みの中に数量的因子を組み込んでいる。しかし本研究においては、それらについて考察する余裕がなかった。「あいまいさ」は言葉で表わされるあいまいな真理値の内部表現である。これに基づく概念推論はfuzzyな推論である。活性度は賦活の頻度に係わる因子であり、帰納的に知識を獲得していく過程において重要な働きをする。このことに関して、唐沢博がR. C. Schankのscriptを学習によって逐次修正するように拡張したadaptive scriptという概念を導入した一つの学習モデルを提案し、自己概念化モデル（self conceptualization model) と呼んでいる。[文献 32)]。人工知能の分野ではこれ以外に数量的因子を扱った研究は見当らない。

　一方、認知心理学の分野では活性化の拡散理論 (spreading activation theory) と呼ばれる一連の研究がある。認知単位をノードとし、そのノードに賦与された活性化量がリンクを通じて拡散していく過程を使って、文記憶における符号化や検索のプロセスを説明しようとしている。ここで、符号化プロセスとは、文の意味する内容を内部表現に変換して記憶するプロセスをいい、また、検索プロセスとは、文の意味する内容を再認するために記憶内容を走査するプロセスをいう。一般に認知心理学における文記憶研究は知識の獲得、表象、処理といった心理学的問題に議論を限定するため、簡単な文を扱い複雑な言語学的問題に深入りしていない。都築誉史[文献 115)]が活性化の拡散理論についてすぐれたサーベイを行っている。以下これに従って各理論の紹介を行う。

　A. M. Collins & E. F. Loftus [文献 105)] は、活性化の源泉ノードから他のノードへ拡散する活性化量が源泉ノードの持つリンク数に反比例すると言っている。B. Hayes-Roth [文献 109)] は、ネットワークのノードとなる認知単位を cogit と呼び、それから構成される高次の構造を assembly と呼んでいる。そして、各々の cogit、リンク、assembly が活性化の速度や確率を決定する強度値を有しており、その強度値は受けた活性化の新しさと頻度によって決定されるとしている。B. Hayes-Roth & F. Hayes-Roth [文献 110)] によれば、活性化の拡散は、活性化したノードに連結したすべてのリンクに沿って並行して拡散し、各活性化ノードから拡散する活性化の総量はいつの時点でも制限されているという。また、記憶構造における各々のノードとリンクの強度は、それが被った活性化の量と頻度の増加関数であり、その最後の活性化からの経過時間に関する減少関数であるという。かれらのモデルでは、言語学的な簡略化をはかるためノードはすべて英単語とし、これを word-based ネットワークモデルと呼んでいる。J. R. Miller [文献 112)] は、B. Hayes-Roth & F. Hayes-Roth の理論に基づいて、文記憶における符号化プロセスと検索プロセスのコンピュータシミュレーションを行った。J. R. Miller のモデルでは意味記憶のほかに作業記憶を設ける。符号化プロセスにおいては、学習文の各要素に応じて意味記憶内で活性化されたノードに 1 対 1 対応して作業記憶内に新しいノードが生成される。そこに符号化文脈ノードと呼ばれるノードに加え、それらの作業記憶ノードをリンクを通して統合する。出来たものを符号化文脈ネットワークと呼ぶ。各時点で活性化しているノードの集合は、活性化ノードリストと呼ばれるリストで表現されている。活性化ノードリストに蓄えられるノード数は制限されている。検索プロセスにおいては、符号化文脈ネットワークに沿って再認テスト文の各要素を走査し、それらを

統合する符号化文脈ノードが既に存在することを確かめることによって再認が成立する。ノードの属性値は、ノード活性化量と、活性化されているか否かの情報である。前者は活性化の程度を表わし、後者は活性化ノードリストに含まれるか否かと等価である。リンクの属性値は、リンク活性化量、リンク強度、リンク伝達時間である。リンク活性化量はリンクの活性化の程度を表す。リンク強度は、word-basedの場合、2つの単語ノード間の一時的な連想価に相当する。また、リンクを活性化が通過するたび、新しいリンク強度がその通過したリンク活性化量と古いリンク強度から算出される。リンク伝達時間は、リンクを活性化が伝達するための所要時間である。伝達の速度はリンク活性化量やリンク強度に比例するという。活性化の拡散プロセスのシミュレーションプログラムを活性化システムと呼んでいる。活性化システムはあるサイクルを繰り返し実行する。まず、総活性化量が活性化ノードリストの構成員で均等配分され、さらにそれを、各ノードから出ているリンクの間で均等配分する。次に、各リンクについてリンク伝達時間が計算され、全ネットワークの中で最小の伝達時間を持つリンクが確認され、そのリンクのところだけ源泉ノードから隣りのノードへ配分されていた分だけ活性化量を移す。また、そのリンクの強度を計算し、各ノードから出ているすべてのリンクの強度を加えたものが1.0になるように再比例配分する。活性化ノードの個数が制限数を越えると、活性化量の小さいものより活性化ノードリストから削除する（すなわち、活性化量を0にする）。これで1サイクルがおわり、再び総活性化量を再配分して次のサイクルに入る。このMillerモデルでは時間が経つにつれて総活性化量が減少していく。これを補うため定期的に活性化量を注入する。J. R. Anderson［文献114)］は、活性化の源泉ノードから他のノードへ拡散する活性化量がリンクの相対強度に比例すると言っている。また、ノードの活性化は、活性化量に対するしきい値により離散的にきまるとする。

　以上、活性化の拡散に関する諸理論の紹介を行ってきた。ここで、理論の整合性という観点から問題点を挙げておこう。B. Hayes-Roth & F. Hayes-RothやJ. R. Millerの理論では、「活性化される」ことの意味が明確でない。各ノードが、活性化量を持つことと、活性化ノードリストと称する作業記憶に属することとは、どのような関係があるのだろうか。連続的な活性化量が、活性化ノードリストからはずされた途端0に不連続におとされてしまうところに無理がある。理論の整合性から言えば、J. R. Andersonの言うように、活性化量と称する前活性化的な連続量に対するしきい値によって、離散的に「活性化されたか否か」がきまるとした方が妥当である。また、全ネットワークの総活性化量に対する制約と、活性化ノードの個数に対する制約とが重複してかけられるところも、同じような意味を持つ制約であるだけに、理論の一元性に反するように見受けられる。ここ

は、総活性化量に上限があるとして一元的な制約を与え、前活性化量の大きいものから活性化され、それらを累加したものが総活性化量を越えるところで、それ以下の小さな前活性化量を持つノードは活性化されないとすれば、自然に活性化ノードの個数は制約される。作業記憶という概念は、かつての短期記憶とか長期記憶とかのあたかも貯蔵場所が別々にあるかのように解釈するモデルに属する概念であって、記憶活性の理論の下では導入すべきでない。上記のように活性化上限の一元化をはかれば、作業記憶の概念は不必要になる。このように考えたとき、一つの理論予測として、強い刺激が入り大きな活性化量を持つ認知単位が存在するときほど、ノードに対するしきい値が高くなる。ノードのレベルでは活性化のしきい値が変動するのである。

　活性化の拡散理論を検証するには、さまざまな課題に対するプライミング効果の実験が有効である。テスト刺激の部分にすでに活性化の拡散が起っているようにするためまえもってある刺激（これをプライム刺激という）を与えておくと、テスト刺激のとき課題に対する反応時間が速くなる。これをプライミング効果という。プライミング効果は記憶の情報処理過程や記憶の表象を解明する手がかりを与える。最近の研究の中に、再認記憶は時間の経過とともに低下するのにプライミング効果は低下せずかなり長期間保持されるという実験結果が示されている。プライミング効果は、記憶の表象とは異なる別の記憶の形態をとっているらしい。しかも記憶の表象と異なり意識されない。この意識されない処理手続きこそ、活性化の動態の制御プログラムではないかと考えられる。但しそれは、B. Hayes-Roth & F. Hayes-Roth や J. R. Miller らのいう単なる「活性化の拡散」だけでなく、リンクラベルに対して選択的で、ネットワークの構造認識を含む、より一般的な賦活動態を意味している。精神分析学のいう「潜在意識」も意識されない賦活制御機構の存在を暗示しているように思われる。「抑圧」とか「強迫」とかはリンク強度の病的な偏りによって活性化が阻害されたり強制されたりしているネットワーク表象のあり方を示しているのではないだろうか。これがありそうな話だとして、潜在意識という現象が観念の内容に選択的であることから判断すれば、単にリンク強度などのパラメトリックな要因だけでなく、リンクラベルやネットワーク構造に対して選択的に起る賦活動態と、それを制御する、無意識のうちに記憶され起用される、制御プログラムとが、存在すると思われるのである。

　ASN モデルの ASN 賦活制御機構は、J. R. Miller の活性化システムを包含し得る。活性化の拡散理論も、リンクラベルを識別するシステムへと拡張されていくかも知れない。ASN モデルは、はじめから、活性化の拡散がリンクラベルに対して選択的に起るという考え方を前提にしている。活性化の全リンクにわたる

〈意味〉の結合科学

拡散は、賦活動態の一種であるに過ぎず、一般的には、リンクラベルに対して選択的であるとしているのである。本研究は、意味ネットワークを使って複雑な知識の構造を処理することにテーマをしぼってきた。一方、本節で紹介した活性化の拡散理論は、たとえば再認の正誤反応を説明するためだけに導入された訳ではなく、帰納的な学習システムのモデルを与えることもできよう。本節の内容も第4章や第5章の内容と同様、コンピュータシミュレーションのテーマとなり得る。パラメトリックな因子とシンボリックな因子との関係は、頭脳の機能の原理を話題にするとき言われるアナログ的とディジタル的との関係にほぼ一致するであろう。両者の関係を解明する糸口が得られるかも知れない。また、連合主義と構造主義との橋渡しをすることが出来るかも知れない。

参考文献

知識表現・意味ネットワークについて

1) Simmons, R. F. : Storage and retrieval of aspects of meaning in directed graph structure, Communications of the ACM (March 1966).
2) Quillian, M. R. : Word concept : A theory and simulation of some basic semantic capabilities, Behavioral Science Vol. 12 (1967).
3) Amosov, N. M. : Modeling of thinking and the mind, Spartan Books (1967).
4) Tesler, L. , Enea, H. and Colby, k. M. : A directed graph representation for computer simulaton of belief system, Mathematical Bioscienses Vol. 2 (1968).
5) Norman, D. A. : Memory and attention, John Willey & Sons Inc. (1969).
6) Quillian, M. R. : Semantic memory, in Minsky M. (ed.) : Semantic information processing, MIT Press, Cambridge Massachusetts (1970).
7) Jacks, E. L. (ed.) : Associative information technique, Elsevier (1971).
8) Simmons, R. F. and Slocum, J. : Generating English discouse from semantic networks, Communications of the ACM (Oct. 1972).
9) Rumelhart, D. E. , Linsay, P. H. and Norman, D. A. : A Process model for long-term memory, in Tulving, E. and Donaldson W. (eds.) : Organization of memory, Wiley, New York (1972).
10) Winograd, T. : Understanding natural language, Academic Press Inc. (1972).
11) Rumelhart, D. E. and Norman, D. A. : Active semantic networks as a model of human memory, Proceedings of the Third International Joint Conference on Artificial Intelligence, Stanford, California (1973).
12) Amosov, N. M., Kasatkin, a. m. and Kasatkin, L. M. : Active semantic networks in robots with independent control, Proc. of the Third Internatl. Joint Conf. on Artificial Intelligence (1973).
13) Simmons, R. F. : Semantic network ; their computation and use for understanding English sentences, in Schank, R. C. and Colby, K. M. (eds.) : Computer models of thought language, W. H. Freeman and Company (1973).
14) Colby, K. M. : Simulations of belief systems, in Schank, R. C. and Colby, K. M. (eds.) : Computer models of thought and language, (1973).
15) Abelson, R. P. : The structure of belief systems, in Schank, R. C. and Colby K. M. (eds.) : Computer models of thought and language, (1973).
16) Rieger, C. : Conceptual memory ; A theory and computer program for processing the meaning content of natural language utterances, AD/A-000086 (1974).
17) Hendrix, G. G. : Expanding the utility of semantic networks through partitioning, adv. Papers Fourth Int. Joint Conf. Artificial Intelligence, Tbilisi U. S. S. R. (1975).
18) Evans, M. W. : Semantic representation question-answering systems, Northwestern University Ph. D. (1975).
19) Minsky, M. : A framework for representing knowledge, in Winston, P. H. (ed.) : The psychology of computer vision, McGraw-Hill, New York (1975).
20) Bobrow, D. G. and Collins, A. (eds.) : Representation and underatanding, Academic Press Inc.

, New York (1975).
21) Schank, R. C. : Conceptual information processing, North-Holland, Amsterdam·Oxford (1975).
22) Schubert, L. K. : Extending the expressive power of semantic networks, Artificial Intelligence Vol. 7 (1976).
23) McSkimin, J. R. and Minker, J. : The use of a semantic network in a deductive question-answering system, Artificial Intelligence Vol. 7 (1976).
24) Charniak, E. and Wilks, Y. (eds.) : Computational semantics, North-Holland (1976).
25) Boley, H. : Directed recursive labelnode hypergraphs : A new representation-language, Artificial Intelligence Vol. 9 (1977).
26) Rumelhart, D. E. : Introduction to human information processing, John Willey & Sons Inc. (1977).
27) Schank, R. C. and Abelson, R. P. : Scripts plans goals and understanding, Lawrence Erlbaum Associates, New Jersey (1977).
28) Deliyanni, A. and Kowalski, R. A. : Logic and semantic networks, Comm. of ACM, Vol. 22 No. 3 (1979).
29) 辻井潤一：プロダクションシステムとその応用、情報処理 Vol. 20 No. 8 (1979).
30) Fahlman, S. E. : NETL ; a system for representing and using real-world knowledge, The MIT Press (1979).
31) Findler, N. V. (ed.) : Associative networks ; represetation and use of knowledge by computers, Academic Press (1979).
32) 唐沢 博：自己概念化モデルにおける推論過程、情報処理学会 人工知能と対話技法 15-1 (1980).
33) Anderson, J. R. : Cognitive psychology and its implications, W. H. Freeman and Company, San Francisco and London (1980).

分配論理記憶・連想プロセッサについて
34) Lee, C. Y. : Intercommunicating cells, basis for a distributed logic computer, in Proc. AFIPS 1962 Fall Jt. Computer Conf. , Spartanbooks Inc. Baltimore Md. (1962).
35) Lee, C. Y. and Paull, M. C. : A content addressable distributed logic memory with application to information retrieval, Proc. IEEE Vol. 51 (1963).
36) Edwards, R. P. : Content-addressable distributed-logic memories, Proc. IEEE Vol. 52 (Jan 1964).
37) Spiegelthal, E. S. : A content addressable distributed memory with applications to imformation retrieval, Proc. IEEE Vol. 52 (Jan. 1964).
38) Crane, B. A. and Grithens, J. A. : Bulk processing in distributed logic memory, IEEE Trans. Computers EC-14 (April 1965).
39) Crane, B. A. and Lane, R. R. : A cryoelectronic distributed logic memory, in Proc. AFIPS 1967 Spring Jt. Computer Conf. , Spartan Books Inc. Baltimore Md. (1967).
40) Savitt, D. A. , Love, H. H. and Troop, R. E. : ASP ; a new concept in language and machine organization, Proc. AFIPS Spring Jt. Computer Conf. (1967).
41) Savitt, D. A. , Love, H. H. and Troop, R. E. : Association-storing processor, AD818529 AD818530 (1967).

42) Lee, C. Y. : Content-addressable and distributed logic memories, in Tau, J. T. (ed.) : Applied automata theory, Academic Press N. Y. (1968).
43) Lipovski, G. J. : The architecture of a large distributed associative memory, AD692195 (1969).
44) Kroft, D. : An associative memory computer with an application to list processing, Columbia University Ph. D. (1969).
45) Lipovski, G. J. : The architecture of a large associative processor, in Proc. AFIPS 1970 Spring Jt. Computer Conf. , AFIPS Press Montvale N. J. (1970).
46) Slotnick, D. L. : Logic per track devices, Advances in Computers Vol. 10, Academic Press N. Y. (1970).
47) Stone, H. S. : Parallel processing with the perfect shuffle, IEEE Trans. Computers (Fed. 1976).
48) Parker, J. L. : A logic per track retrieval system, in Proc. IFIP 1971 Congress Vol. 1, North-Holland Amsterdam (1971).
49) Love, H. H. and Savitt, D. A. : An iterative-cell processor for the ASP language, in Jacks, E. L. (ed.) : Associative information techniques, American Elsevier N. Y. (1971).
50) Minsky, N. : Rotating storage devices as partially associative memories in Proc. AFIPS 1972 Fall Jt. Computer Conf. , AFIPS Press Montvale N. J. (1972).
51) Parhami, B. : A highly parallel computing system for information retrieval, in Proc. AFIPS 1972 Fall Jt. Computer Conf. , AFIPS Press Montvale N. J. (1972).
52) Crane, B. A. , Gilmarton, M. J. , Huttenhoff, J. H. , Rux, P. T. and Shively, R. R. : PEPE computer architecture, IEEE COMPCON (1972).
53) Wilson, D. E. : The PEPE support software system, IEEE COMPCON (1972).
54) Cornell, J. A. : Parallel processing of ballistic missile defense radar data with PEPE, IEEE COMPCON (1972).
55) Evensen, A. J. and Troy, J. L. : Introduction to the architecture of a 288-element PEPE, in Proc. 1973 Sagamore Computer Conf. on Parallel processing, Springer-Verlar N. Y. (1973).
56) Dingeldine, J. R. , Martin, H. R. and Patterson, W. M. : Operating system and support software for PEPE, in PROC. 1973 Sagamore Computer Conf. on Parallel Processing, Springer-Verlag N. Y. (1973).
57) Vick, C. R. and Merwin, R. E. : An architecture description of a parallel processing element, in Proc. 1973 Internatl. Workshop on Computer Architecture (1973).
58) Parhami, B. : Design techniques for associative memories and processors, University of California Los Angeles Ph. D. (1973).
59) Sasson, A. : Direct execution of a list processing language using a distributed logic memory, Columbia University Eng. Sc. D. (1974).
60) Anderson, G. A. : Multiple match resolvers ; a new design method, IEEE Trans. Computers (Dec. 1974).
61) Thurber, K. J. and Wald, L. D. : Associative and parallel processors, acm computing surveys Vol. 7 No. 4 (1975).
62) 飯塚 肇：論理メモリ、情報処理 Vol. 16 No. 4 (1975).
63) Lawrie, D. : Access and alignment of data in an array processor, IEEE Trans. Computers (Dec. 1975).
64) 嶋津好生：論理分布記憶システムの設計、信学技報 AL75-40 (1975).

65) 嶋津好生：論理分布記憶システム－汎用計算機のための並列探索サブシステム－、九産大工学部研究報告 第 12 号 (1975).
66) 嶋津好生：論理分布記憶システム (2) 論理質問式の評価について、信学技報 EC75-53 (1976).
67) Siegel, H. J. : Analysis techniques for SIMD machine interconnection networks and the effects of processor address masks, in Proc. 1975 Sagamore Conf. on Parallel Processing, Springer-Verlag N. Y. (1975).
68) Lang, T. : Interconnections between processors and memory modules using the shuffle-exchange network, IEEE Trans. Computers (May 1976).
69) Edelberg, M. and Schissler, L. R. : Intelligent memory, in Proc. AFIPS 1976 National Computer Conf. , AFIPS Press, Montvale N. J. (1976).
70) Siegel, H. J. : Single instruction stream multiple data stream machine interconnection network design, in Proc. 1976 Internatl. Conf. on Parallel Processing, IEEE N. Y. (1976).
71) 嶋津好生：連想メモリを採用した情報検索システムの設計、第 12 回情報科学技術研究集会発表論文集 JICST (1976).
72) 関野陽.植村俊亮：データ・ベース・マシン、情報処理 Vol. 17 No. 10 (1976).
73) Foster, C. C. : Content addressable parallel processors, Van Nostrand Reinhold Co. (1976).
74) Yau, S. S. and Fung, H. S. : Associative processor architecture-a survey, acm computing surveys, Vl. 9 No. 1 (1977).

オートマトンのネットワークについて

75) Rosenstiel, P. , Fiksel, J. R. , and Holliger, A. : Intelligent graphs : Networks of finite automata capable of solving graph problems, in Read, R. C. (ed.) : Graph theory and computing, Academic Press (1972).
76) Milgram, D. L. : Web automata, National Science Foundation Technical Report TR-72-182 (1972).
77) Fiksel, J. R. and Bower, G. H. : Question-answering in a semantic network of parallel automata, Journal of Mathematical Psychology (1973).
78) Fiksel, J. R. : A network-of-automata model of question-answering in semantic memory, Stanford University Ph. D. (1973).
79) Shah, A. N. , Milgram, D. L. and Posenfeld, A. : Parallel web automata, N. S. F. TR-231 (1973).
80) Milgram, D. L. : Web automata, N. S. F. TR-271 (1973).
81) Wu, A. and Rosenfeld A. : Cellular graph automata I. Basic concepts, graph property measurement, closure properties, II. Graph and subgraph isomorphism, graph suructure recognition, Information and Control Vol. 42 (1979).

活性化意味ネットワークモデル・連想プロセッサ NOAH について

82) 嶋津好生：連想的な思考形態の表現、九産大工学部研究報告 第 9 号 (1972).
83) 嶋津好生：創造的思考に関するグラフ論的研究 (研究ノート)、九産大工学会誌 第 9 号 (1972).
84) 嶋津好生：知識の構造とトポロジー (総説・展望)、九産大工学会誌 第 11 号 (1974).

85) 嶋津好生：ラベル付き有向グラフを蓄積・処理する 2 次元連想プロセッサの設計、信学技報 EC76-24 (1976).
86) 嶋津好生：NOAH システムによるセマンテックネットワークファイル管理－連想プロセッサの汲み取り問題－、信学技報 EC76-36 (1976).
87) 嶋津好生：構造指向連想プロセッサの汲み取り問題とファイル管理への応用、九産大工学部研究報告 第 13 号 (1976).
88) 嶋津好生：NOAH とセマンテック・ネットワーク、信学技報 AL77-44 (1977).
89) 嶋津好生：NOAH による新しい非数値情報処理の形態 (研究ノート)、九産大工学会誌 第 14 号 (1977).
90) 嶋津好生：連想プロセッサとセマンテックメモリ、80 年代のエレクトロニクス第 2 巻：情報処理、通信、放送 編、日本ビジネスレポート (1978).
91) 嶋津好生：意味ネットワークを活性化することについて、信学技報 AL79-68 (1979).
92) 嶋津好生：活性化された意味ネットワークの理論、信学技報 AL79-90 (1980).
93) 嶋津好生：データ依存型推論：意味ネットワークの活性化動態、信学技報 AL79-91 (1980).
94) 嶋津好生：概念記憶の並列処理－連想プロセッサによる活性化意味ネットワークモデルの実現－、信学技報 EC79-65 (1980).
95) 嶋津・田町：概念記憶の意味ネットワークモデル、九大総合理工学研究科報告 第 3 巻 第 2 号 (1981).
96) 嶋津・田町：意味ネットワークの静態構造、情報処理学会論文誌 第 23 巻 第 1 号 (1982).
97) 嶋津好生：概念記憶システムの研究－概念記憶の意味ネットワークモデルと連想プロセッサによる実現法－、九州大学出版会 (1982).
98) 嶋津・田町：意味ネットワークの賦活動態を制御するプログラミング言語、情報処理学会論文誌 第 23 巻 第 3 号 (1982).
99) 嶋津好生：活性化された意味ネットワークを実現するために設計された分配論理連想プロセッサ NOAH について、九産大工学部研究報告 第 19 号 (1983).
100) 嶋津好生：概念ネットワークの賦活制御機構について、九産大工学部研究報告 第 20 号 (1983).
101) 嶋津・田町：記憶の活性化とその手法－連想プロセッサ NOAH の設計－、情報処理学会論文誌 第 26 巻 第 1 号 (1985).
102) 嶋津・田町：概念ネットワークの賦活制御機構、情報処理学会論文誌 第 26 巻 第 1 号 (1985).

連続的活性化量の拡散理論について

103) Meyer, D. E. and Schvaneveldt, R. W. : Facilitation in recognizing pairs of words : Evidence of a dependence between retrieval operations, Journal of Experimental Psychology, No. 90 (1971).
104) Loftus, E. F. : Activation of semantic memory, American Journal of Psychology, No. 86 (1973).
105) Collins, A. M. and Loftus, E. F. : A spreading activation theory of semantic processing, Psychological Review, No. 82 (1975).
106) Hayes-Roth, B. and Hayes-Roth, F. : Plasticity in memorial networks, Journal of Verbal Learning and Verbal Behavior, No. 14 (1975).

107) Posner, M. I. and Snyder, C. R. R. : Facilitation and inhibition in the processing of signals, in Rabbitt, P. M. A. and Dornic, S. (eds.) : Attention and performance, Vol. 5, New YORK Academic Press (1975).
108) Wickelgren, W. A. : Network strength theory of storage and retrieval dynamics, Psychological Review, No. 83 (1976).
109) Hayes-Roth, B. : Evolution of cognitive structures and processes, Psychological Review, No. 84 (1977).
110) Hayes-Roth, B. and Hayes-Roth, F. : The prominence of lexical information in memory : Representation of meaning, Journal of Verbal Learning and Verbal Behavior, No. 16 (1977).
111) Miller, J. R. and Kintsch, W. : Readability and recall of short prose passages : A theoretical analysis, Journal of Experimental Psychology : Human Learning and Memory, No. 6 (1980).
112) Miller, J. R. : Constructive processing of sentences : A simulation model of encording and retrieval, Journal of Verbal Learning and Verbal Behavior No. 20 (1981).
113) Lorch, R. F. : Priming and search processes in semantic memory : A test of three models of spreading activation, Journal of Verbal Learning and Verbal Behavior, No. 21 (1982).
114) Anderson, J. R. : A spreading activation theory of memory, Journal of Verbal Learning and Verbal Behavior, No. 22 (1983).
115) 都築誉史：文記憶のネットワーク活性化モデルに関するコンピュータ・シミュレーションと実験的検討、名古屋大学大学院 教育研究科 修士論文 (1983).

あとがき

　本書は1985年に申請した学位論文の復刻である。当時盛んであった人工知能の研究で言語理解や知識表現の分野に属する研究であった。

　コンピュータに自然言語を理解させたり問題を解決させるには、コンピュータに知識を持たせる必要がある。そのため、知識表現に関連していろいろな手法が提案された。フレーム、プロダクション・システム、エキスパート・システム、などが思い出される。一方、本書で採用したのは意味ネットワークであった。

　80年代は、日本のコンピュータ科学技術にとって、隆盛を信じて得意の絶頂にあると同時に、忍び寄る衰退の要因を孕む時代であった。特筆すべきは第5世代コンピュータ開発機構の存在である。80年代を丸々費やして国を挙げて行われたプロジェクトであった。「計算する」コンピュータを超えて「考える」コンピュータを構築すると標榜し、大手電気メーカーの若い優れた人材と膨大な国家予算を費やした。

　80年代に通底して存在したのが高級言語マシンの思想である。通常、というよりコンピュータ開発当初より一貫して行われてきたことであるが、問題向けのプログラム言語つまり高級言語は、機械向けプログラム言語つまりアセンブラ言語の仲介によって構築されるのであるが、当時のハードウェアの低価格化に乗じて高級言語を直接ハードウェアで実現しようとする思想であった。

　次世代のコンピュータを標榜したプロジェクトは、形式論理による推論を表現する高級言語（PROLOG）を基底言語とする高級言語マシンの開発を中核とした。このプロジェクト以外に、人工知能用言語と認知されていたLISPの高級言語マシンも開発されていた。

　しかしながらコンピュータ・システムはハードウェアとソフトウェアの両方のプロセスにわたるトータルな演算速度によって評価される。半導体集積回路の急激な進歩は演算速度を著しく高めた。折角開発された高級言語マシンもまもなく通常マシンにあえなく遅れをとることになった。

　同じころアメリカで日本と全く異なるヴィジョンが進行していた。日本は目隠しされていた。すなわち、ネットワーキング、オープンシステム、ダウンサイジング、マルチメディアである。それがどういうものであったかは、答えるまでもなく、現状を眺めればよいことである。日本は敗北した。

〈意味〉の結合科学

　　　ウィリアム・ファイナン　ジェフリー・フライ　日本の技術が危ない　検証・
　　ハイテク産業の衰退　日本経済新聞社

　当時、わたしは次世代コンピュータプロジェクトを横目で眺めながら、違うことをやりたいと考えた。形式論理ではあまりに狭隘にすぎる。意味ネットワークなら人の高次精神機能に対してもっと柔軟なアプローチが出来そうだと考えた。意味ネットワークを活性化して、その賦活動態という概念を提案した。感覚入力の超並列性（SIMD Simple Instruction Multiple Data）や概念形成の再帰的な無限拡張性を組み込んだ。論理を逸脱する連想機能をコンピュータ・システムに新しく組み込むため連想機能メモリのハードウェア設計が目的であったが（これも高級言語マシン）、そのためのシステム設計は人のこころの動きを十分に考慮したものだから、人の精神のモデルとして採用できる。復刻して再評価を求めた次第である。
　高次精神機能の具体的なデータは、当時の、認知科学アプローチから頂くことにした。Roger. C. Schank の概念依存性理論によっていきおい考察が進むことになった。

　　　R. C. シャンク／C. K. リーズベック編　自然言語理解入門　LISP で書いた5つの知的プログラム
　　　　総研出版
　　　ロジャー・C．シャンク　ダイナミック・メモリ　認知科学的アプローチ　近代科学社
　　　ロジャー・C．シャンク　人はなぜ話すのか　知能と記憶のメカニズム　白揚社

　本書の表題において、概念ネットワークを賦活制御する主体は、神か？、自然（じねん）か？、自己（超自我）か？、と問いかけた。意識される内容を表現する手段として「概念ネットワーク」を切り離し、仮に、それを賦活制御する主体をその外側に設けている。しかし本当のところは、その両者は統合され、一つのトータルな現象である。「神」にしろ「自然」にしろ「自己」にしろ、これらはみな、その統合体の全的現象を解釈するため主観的に語られたそれぞれ個性的な物語にすぎない。なにしろ、意識される領域の外側にある現象だから、推測して取りあえず納得できる物語を紡ぐよりほかに仕方がない。概念ネットワークを賦活制御する主体は、神しかり、自然しかり、自己しかり、つまりすべてなのだ。
　認知科学アプローチには重大な欠陥がある。まず、ことば（シンボル）が感覚（シグナル）に根ざしていないことである（Symbol Grounding 問題）。そして、概念形成の学習・発達機能が欠落していることである。これを補うものは神経科学による身体化（embodiment）しかあり得ない。1989年、アメリカ、オレゴン州のある大学院大学に客員教授として赴任してPDP（Parallel Distributed

Processing) リサーチ・グループの活動を間近に見てきた。

　　D.E.ラメルハート　J.L.マクレランド　PDPリサーチ・グループ
　　甘利俊一監訳　PDPモデル　認知科学とニューロン回路網の探索　産業図書

　帰国後、神経科学をこととし考察した結果がⅠ分冊の内容である。意味ネットワークの再帰的拡張接点は知覚・運動野の統合学習システムによってもたらされる。そのとき大脳辺縁系や網様体賦活系が大いに関与する。大脳皮質における異なるニューラル・ネットワーク・モデルの重畳適応とは、それらによる大脳皮質の選択的賦活の結果である。末梢神経（からだ）と中枢神経（こころ）とを一つのまとまった神経回路として考えればSymbol Grounding問題は解決する。言語系（ことば）との連合を背景に感覚・運動系（からだ）の自己組織化（脳内統合学習システム）を考えれば、こころがことばを父とし、からだを母とする様相が見えてくる。からだとことばとこころは切り離して考えることができない。

I 分冊の内容紹介

I 〈はたらくことば〉の神経科学
　　からだはことばをはらむ

1　意味ネットワークの神経回路網モデル
1・1　　緒論
1・2　　神経回路網の自己組織化
1・3　　知覚・運動野における概念形成
1・4　　言語野における象徴の働き
1・5　　考察
1・6　　結論
2　コネクショニスト日本語理解システムの構成的研究
2・1　　緒論
2・2　　統合コネクショニストモデル
2・3　　日本文解析モジュール
2・4　　表象獲得モジュール
2・5　　日本文生成モジュール
2・6　　綴り方モジュール
2・7　　形態素抽出モジュール
2・8　　辞書モジュール
2・9　　コネクショニスト仮名漢字変換システム
2．10　　結論
3　コネクショニスト日本語理解システムにおける文解析と文生成
3・1　　緒論
3・2　　ことばの表象
3・3　　コネクショニスト日本語解析・生成システム
3・4　　結論
4　計算論的神経科学から見て日本語の統語を再考する
4・1　　緒論
4・2　　日本語と英語の構文比較対照
4・3　　コネクショニスト複文パーサ
4・4　　結論
5　ミラーニューロンを解釈する人工神経回路網モデル
5・1　　緒論
5・2　　ミラーニューロンシステム
5・3　　脳内統合学習システム（ILSIB）
5・4　　結論

III 分冊の内容紹介

III 〈からだ・ことば・こころ〉の三位一体論
　　　からだは、ことばのはたらきによって、こころをやどしはぐくむ

1　意識の正体
　　神経科学によって主観的経験を解釈する
1・1　序論
1・2　ベンジャミン・リベットの二つの実験
1・3　ニューラルネットワークモデルとブレインイメージングによる
　　　知見との突き合わせ
1・4　リベットの実験を解釈する
1・5　結論
2　ロボットも神々の声を聴くだろうか？
　　ロボットが神々の声を聴くとき
2・1　序論
2・2　ことばの働きの発達・進化
2・3　二分心の時代
2・4　意識について
2・5　現代人のこころの空間
2・6　二分心の脳プロセス
2・7　結論
3　断章　宗教と物語、宗教の物語
　　ことばなる神、ことばが神か？
付記　物語の渉猟　獺祭の間（蔵書リスト）
　　　こころは物語の中に生きる

〈はたらくことば〉の科学　〈意味〉の結合科学

発行日　2016年1月15日　初版第1刷

編著者　嶋津　好生
発行者　東　保司

発　行　所
櫂　歌　書　房

〒811-1365　福岡市南区皿山4丁目14-2
TEL 092-511-8111　FAX 092-511-6641
E-mail:e@touka.com　http://www.touka.com

発売所　株式会社　星雲社
〒112-0012　東京都文京区大塚3-21-10